U0247058

趣学框架设计与应用
（DOM 游戏卷）

张容铭◎著

人民邮电出版社

北 京

图书在版编目（CIP）数据

趣学框架设计与应用：DOM游戏卷 / 张容铭著. --
北京：人民邮电出版社，2019.10
ISBN 978-7-115-51449-3

Ⅰ．①趣… Ⅱ．①张… Ⅲ．①JAVA语言－程序设计
Ⅳ．①TP312.8

中国版本图书馆CIP数据核字(2019)第112745号

内 容 提 要

本书是一本讲解框架和模式的技术书，也是一本把框架应用于游戏开发的实战书，本书通过虚拟主人公小铭和小白两个人的对话，展示了框架的核心技术，并通过几个典型的游戏，讲述了框架技术的实现、游戏中的算法和框架技术的应用场景。

本书适合程序开发人员、前端开发人员和项目经理阅读，也可以作为高等院校和培训学校的教材。

◆ 著　　　　张容铭

责任编辑　张　涛

责任印制　焦志炜

◆ 人民邮电出版社出版发行　　北京市丰台区成寿寺路 11 号
邮编　100164　　电子邮件　315@ptpress.com.cn
网址　http://www.ptpress.com.cn
固安县铭成印刷有限公司印刷

◆ 开本：800×1000　1/16
印张：15.75　　　　　　　　　2019 年 10 月第 1 版
字数：340 千字　　　　　　　 2024 年 7 月河北第 2 次印刷

定价：69.00 元

读者服务热线：(010)81055410　印装质量热线：(010)81055316
反盗版热线：(010)81055315
广告经营许可证：京东市监广登字20170147号

本书赞誉

我和张容铭是好朋友。我知道他做过很多复杂的前端项目。当我最初学习 JavaScript 语言时，经常向他咨询前端技术。从和他的技术讨论中，我获益良多。我很赞成容铭通过案例提出概念的方法。的确，对于初学者来说，这是一个学习概念最有效的方法。特别是，本书中的所有案例都是游戏，这样使阅读更加轻松。想对框架开发的核心概念有深刻理解的人都可以从本书中受益。

——H.T. Wu，Facebook 软件开发工程师

我在中国工作时认识了张容铭。在此期间，我们有很多关于前端技术的讨论，我发现他对设计模式和 JavaScript 有深刻的理解。本书是他关于技术和经验的总结。本书基于老师和学生之间的讨论，有助于初学者理解 JavaScirpt 语言和前端技术。这也是 JavaScript 开发人员可以参考的出色的教材。

——Tony Zhang，Google 软件开发工程师

张容铭曾在百度担任高级工程师，是爱创课堂创始人，多年来一直从事计算机前端领域的研究。我在上大学时就认识了他，在大学网页设计竞赛期间，我对他的勤奋和才华印象深刻。他不仅在竞赛中取得优异成绩，还具有卓越的团队领导能力和出色的语言表达能力。在他出版新书之际，我强烈推荐本书给想要投入前端领域的读者。读者将通过学习每个游戏开发的步骤，进而掌握框架设计的应用。

——J.T. Wu 博士，加州大学欧文分校

看到本书的时候我很惊喜，本书更大的作用在于展示一个有趣的场景，让你自己去思考如何通过具体场景设计框架，而不是盲目地学习技术。如果你学会了对于一个程序员最重要的东西——框架，就能做出引人入胜的产品。

——王群，百度视觉团队前端工程师，多模搜索部前端技术负责人

对于想入门前端游戏开发的程序员来说，这是一本很实用的图书。本书通过常见游戏的实现，深入浅出地介绍了框架的技术细节，以及设计模式的应用，处处体现了作者对编

码质量的追求。

——杨坤，百度前端工程师

在 HTML 5 流行之后，游戏开发一直是前端领域的热门话题，很多开发者都以游戏开发作为自己的立身之本。很多人刚刚接触到游戏开发，在准备大展拳脚的时候，往往在技术选型这第一关就栽了跟头。本书通过生动的游戏既介绍了常见的游戏开发技术，又剖析了前端框架。除了常见的游戏开发技术 DOM 和 Canvas 外，本书也对工程化等技术进行了深入剖析。这是进入游戏开发领域不可多得的一本好书。

——王鹏飞，阿里巴巴蚂蚁金服团队前端工程师

本书汇聚了作者多年来的技术和经验，并用一种幽默风趣的方式来写作。在当今 Web 技术日益发展的时代，本书用一种新颖的写作方式来讲解前端框架技术，通过每一个小游戏来引出前端的技术，深入浅出，通俗易懂，非常适合前端开发者学习。

——方杰，腾讯微信团队高级工程师

作者一直走在前端技术的前沿，并深入研究和不断创新。其前几本著作的内容清晰明了，引人入胜，广受欢迎，都成为畅销书。本书以多个游戏项目为示例，深入讲解目前流行的前端框架的实现原理与高级应用，可以帮助读者了解前端新的开发技术，强烈推荐本书。

——冯振兴，用友集团高级前端工程师

前　言

在爱创课堂讲解 Vue、React 以及 Angular 等框架的时候，常常有学生问我："数据双向绑定是如何实现的？组件生命周期的机制是什么？为什么脏值检测会消耗性能？数据为何会丢失？虚拟 DOM 是什么？"为了让学生更深入地理解这些技术，每次在课堂上我总是拿着框架的源码给同学讲解。然而，框架源码的实现总是深奥的，常常令学生不得其解。所以在 2017 年，我就想写个框架。首先在框架中实现常见的技术，然后把这个从无到有的过程讲解给学生，让学生自己把框架写出来，他们会对框架有更深入的理解。当然，如果能够把这些框架应用在项目中，体会框架的运行原理，学生在学习一些高级框架时会更顺利。

在思虑良久后，我终于写下了一个微型框架，用这个框架可以创建模块，可以加入生命周期方法。当在项目中使用这个框架的时候，又发现了很多可以优化的地方，也有很多功能可以引入，可以复用，因此前前后后修改了十几次。经过十几次的修改，框架的代码量增加了，功能更加齐全了，可以复用的模块、组件也更加丰富了。当然，用这个框架开发新的游戏、新的项目，开发成本也降低了……于是我就有了把上述过程写成书的想法。

遗憾的是，在爱创课堂上的教学任务越来越重，其间有中石油等公司来找我为企业做内训，也有网易等公司来找我合作录制视频课程，每天陪爱创课堂的学生上自习也要到很晚，因此，留给我写书的时间也就越来越少，每天也只能在晚上 10 点以后写作。很多网友、读者以及学生再三问我本书什么时候出版。糟糕的是，由于自己过于忙碌，本书的写作先后 3 次"搁浅"。直到 2018年年中，经过几个月的"加班"努力，终于完成了书稿。

本书终于可以出版了。我也希望自己的这份努力，能够帮助更多对前端感兴趣的朋友，以及更多从事前端开发的朋友，希望读者阅读完本书后，也能有自己的想法，并付诸实践，实现一个真正可以立足于世界的、发布于中国的框架。

目标读者

本书涵盖的技术知识难度较高，知识面广，模块划分细致，因此适用于以下 5 类读者。

第一类读者主要是正在公司任职的人员。他们想了解前端技术实现原理，并且希望在项目中运用这些技术，抑或他们在工作中使用某个框架，想深入了解框架的某项技术的实现。

第二类读者主要是正在学习前端的在校学生。他们想提高自己的技术能力，想深入了解前端基本知识以外的更高级的技术。他们或者希望开发一些项目，提高自己的开发与动手能力。

第三类读者主要是前端求职人员。他们想了解框架的核心技术的实现原理，顺利通过面试，找到一份理想的工作。

第四类读者主要是对游戏感兴趣并且想动手开发一些游戏的人员。他们可以通过阅读本书，了解游戏的实现原理，加深对游戏的理解，提升游戏开发技术。

第五类读者主要是希望转行到前端行业或者游戏开发行业的非前端或者非游戏行业开发人员。可以先通过阅读本书来了解前端行业的技能要求、游戏开发中的常见问题以及思路，进而可以顺利地转型成前端工程师或者游戏开发工程师。

本书特色

本书以生动和有趣的故事情节展示框架核心技术和游戏项目的开发过程。本书继承了《JavaScript 设计模式》（ISBN：978-7-115-39686-0）的写作风格，以刚加入工作的小白的工作经历为主线，介绍相关技术以及游戏项目的开发。对于每个游戏，本书介绍了游戏的玩法、框架技术的实现，以及游戏的技术、算法、原理和开发过程。而在游戏开发中，我们也会学习框架核心技术的应用场景。随着本书内容的深入，小白所经历的往往也是读者在工作中所经历的；小白遇到的问题，也往往是读者所遇到的；小白对于遇到的问题的解决方式，也是我们要学习的。当然，有时候通过小铭（书中角色）等人的帮助，小白也可以顺利地解决一道道难题，进而从一位初级工程师成长为更出色的高级架构师。

本书是一本讲解框架、模式等的技术书，也是一本把框架应用于游戏开发的实战书，还是一本有简单情节的技术故事书。

纯粹的技术讲解不仅有点枯燥无味，还会逐渐让读者失去兴趣。而单纯的游戏开发却有失技术灵魂，即使开发完游戏，也让读者在技术方面学无所获。

因此，本书是一本通过小白和小铭等人的故事讲解框架核心技术与项目实战的综合图书。在学习技术时，读者可以体会到游戏的快乐；在游戏的开发中，读者也可以学习重要的技术。

本书内容

本书共 8 章。通过游戏开发，讲解框架的诞生过程，以及框架的各个模块。从面向对象开发到框架设计，从模块开发到组件复用，从模块消息系统到生命周期，从模块扩展到服务注入，从数据双向绑定到组件指令，从视图渲染到虚拟 DOM，以及各种游戏核心算法，本书一应俱全。

每章的游戏是独立的，而游戏中使用的框架是循序渐进的。框架的技术是在不断积累的，越往后，开发成本将越低，由于模块、组件、服务、指令，甚至类的扩展等是可以复用的，因此建议读者从前向后翻阅本书。当然，如果读者只关心游戏，不关心前端语言实现的框架，可以自由翻阅学习，或学习游戏核心算法。

第 1 章介绍《贪吃蛇》游戏，并通过面向对象编程方式，讲述如何实现《贪吃蛇》游戏的交互。

第 2 章介绍《大转盘》游戏，引入模块化、组件化的开发思想，讲述如何实现《大转盘》游戏的交互。

第 3 章介绍《谁是卧底》游戏，引入服务器端开发，通过 Socket 访问，讲述如何实现《谁是卧底》游戏的多人交互。

第 4 章介绍《五子棋》游戏，在 Socket 服务的基础上，讲述如何实现《五子棋》游戏的多人交互，并增强游戏框架、拓展服务，使模块可以通过参数注入的方式使用服务算法。

第 5 章介绍《2048》游戏，引入虚拟 DOM 技术，讲述优化性能知识，提升《2048》游戏的交互体验。

第 6 章介绍《拼图》游戏，讲述封装事件模块技术，实现《拼图》游戏的交互，为在后面的游戏开发中绑定事件提供便利。

第 7 章介绍《赛车》游戏，讲述封装游戏模块，优化帧频，提升《赛车》游戏视觉体验的技术，为在后面的游戏开发中使用循环游戏帧频提供便利。

第 8 章介绍《连连看》游戏，讲述提升整个 DOM 操作，扩展组件类，实现指令、数据双向绑定等技术，降低 DOM 操作成本，提升开发效率，并实现《连连看》游戏的交互。

本书模块

模块	说明
游戏综述	关于游戏的综述
游戏玩法	指明游戏的常见玩法（每个人对游戏的理解不同，玩法也是不一样的）
项目部署	整个游戏的目录结构，以及文件存储方式
入口文件	整个游戏项目的 index.html 入口文件，在浏览器中打开该文件，即可玩游戏
故事情节	通过故事情节讲述整个游戏以及框架的开发过程
下一章剧透	预告下一章的内容
我问你答	提出问题，请读者思考与解答
附件	为了加深读者对游戏以及框架的理解，通过流程图介绍各个模块

致谢

本书的出版需要许许多多的工作，不是我一个人能全部完成的。因此，本书是在许多默默支持我的朋友的帮助下完成的，能够完成本书需要感谢太多人。

之前，我在百度工作期间积累了十分宝贵的经验，从百度空间到百度首页、百度图片，从自然语言处理部到网页搜索部，其间经历了太多，也收获了许多，得到了很多同事的帮助，我要感谢团队中的每一个人。

后来，我十分荣幸创建了爱创课堂前端培训学校，感谢团队中的每一位老师，他们出色的表现让我更有信心把培训工作做得更好。感谢爱创团队的彭帅伟老师、向军老师、孙辉老师、邹佳红老师、田柽志老师、周海男老师等。有他们在，工作和生活变得如此融洽。尤其是郭航老师为书中绘制的流程图非常完美。

感谢为爱创课堂提供帮助的高淇老师、高昱老师，感谢两位老师对爱创课堂提供的帮助。

感谢从爱创课堂毕业的学生，如今看到如此之多的学生毕业，我时常想起他们，想起每天授课分享的日子，想起每个晚上与学生们分享 Vue、React、Angular、EMAScript 6、全栈项目实战的情境。感谢学生们选择爱创课堂，看到他们的成长，我感到十分欣慰，感谢他们来到这里！

感谢百度、阿里和腾讯的高级工程师——王鹏飞、王群、杨坤、赵辉、王慧、王璇、秦腾飞、王茗名、李毅、刁佳佳、王敏、戚天禹、刘成、冯振兴、李帅等，也感谢他们在爱创课堂的无私分享，让学生受益匪浅。

感谢国外的 IT 朋友，也感谢他们在爱创课堂的无私分享。

感谢中国人民大学的同学——王森林、孙晓敏、彭阿聪、田金文、何振卓、李泽坤、贺旭、刘鹏、杜建等。

感谢设计师——郭佳欣设计的图书封面主图和游戏插图。

本书能够顺利出版最该感谢的是人民邮电出版社，尤其要感谢张涛编辑，没有他对我的支持与帮助，本书可能不会顺利出版，他是一位十分专业的编辑。感谢他让我们这么多次的合作如此融洽。当然，还要感谢本书背后的排版和编辑工作者，他们辛苦地排版和审校使得本书增色不少。

最后感谢我的家人！感谢我的爷爷对我的疼爱！他对我从小到大的培养，让我从一个对计算机一无所知的孩子成为一名工程师，成为一名讲师。感谢我的爸爸，感谢我的妈妈！他们养育了我，感谢他们对我的付出。虽然他们对我所做的工作不是很了解，但每天依旧那么关心我、支持我。感谢鹏欣让我每天的工作充满激情、充满动力，义无反顾地努力工作，并且让我的生活变得更加美好。

本书中的流程图由郭航绘制。

本书中的插图由郭佳欣设计。

本书的封面主图由郭佳欣设计。

本书售后支持参见爱创课堂（icketang）官网。

作者邮箱是 zrm@icketang.com。

本书编辑邮箱是 zhangtao@ptpress.com.cn。

在写作过程中，我尽心尽力，但由于本人水平有限，书中疏漏之处在所难免，欢迎读者提出宝贵建议。

服务与支持

本书由异步社区出品，社区（https://www.epubit.com/）为您提供后续服务。

提交勘误

作者和编辑尽最大努力来确保书中内容的准确性，但难免会存在疏漏。欢迎您将发现的问题反馈给我们，帮助我们提升图书的质量。

当您发现错误时，请登录异步社区，按书名搜索，进入本书页面，单击"提交勘误"，输入勘误信息，单击"提交"按钮即可（见下图）。本书的作者和编辑会对您提交的勘误进行审核，确认并接受后，您将获赠异步社区的 100 积分。积分可用于在异步社区兑换优惠券、样书或奖品。

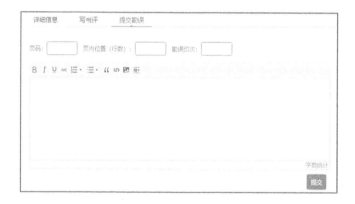

扫码关注本书

扫描下方二维码，您将会在异步社区微信服务号中看到本书信息及相关的服务提示。

与我们联系

我们的联系邮箱是 contact@epubit.com.cn。

如果您对本书有任何疑问或建议，请您发邮件给我们，并请在邮件标题中注明本书书名，以便我们更高效地做出反馈。

如果您有兴趣出版图书、录制教学视频，或者参与图书翻译、技术审校等工作，可以发邮件给我们；有意出版图书的作者也可以到异步社区在线提交投稿（直接访问 www.epubit.com/selfpublish/submission 即可）。

如果您所在学校、培训机构或企业想批量购买本书或异步社区出版的其他图书，也可以发邮件给我们。

如果您在网上发现有针对异步社区出品图书的各种形式的盗版行为，包括对图书全部或部分内容的非授权传播，请您将怀疑有侵权行为的链接发邮件给我们。您的这一举动是对作者权益的保护，也是我们持续为您提供有价值的内容的动力之源。

关于异步社区和异步图书

"**异步社区**"是人民邮电出版社旗下 IT 专业图书社区，致力于出版精品 IT 技术图书和相关学习产品，为作译者提供优质出版服务。异步社区创办于 2015 年 8 月，提供大量精品 IT 技术图书和电子书，以及高品质技术文章和视频课程。更多详情请访问异步社区官网 https://www.epubit.com。

"**异步图书**"是由异步社区编辑团队策划出版的精品 IT 专业图书的品牌，依托于人民邮电出版社近 30 年的计算机图书出版积累和专业编辑团队，相关图书在封面上印有异步图书的 LOGO。异步图书的出版领域包括软件开发、大数据、AI、测试、前端、网络技术等。

异步社区

微信服务号

目　录

第1章 《贪吃蛇》游戏与面向对象编程

由于公司战略需要，小白所在部门由 Web 开发转向用 HTML5 进行移动端游戏开发。小白出于对游戏的好奇与期待，对于新的任务信心满满，接受了经理下达的新任务——《贪吃蛇》游戏的开发。

游戏综述

《贪吃蛇》是一款棋盘动作类游戏，产生于 20 世纪 70 年代中后期。此类游戏在 20 世纪 90 年代由于小屏幕设备的引入而再度流行起来。

游戏玩法

在一个棋盘网格中，玩家通过方向键控制蛇的运动方向，寻找吃的食物。蛇每吃一口食物，蛇的身体不断变长，玩家同时也增加一定的积分。蛇的身体越长，玩的难度就越大，蛇在运动中不能碰墙，也不能"咬"自己的尾巴，玩家达到一定分数就能过关，进入下一关。

项目部署

css：项目样式文件夹。

index.css：游戏样式文件。

js：项目脚本文件夹。

index.js：游戏脚本文件。

index.html：项目入口文件。

入口文件

```
<!DOCTYPE html>
<html lang="en">
<head>
    <meta charset="UTF-8">
    <link rel="stylesheet" type="text/css" href="css/index.js">
    <title>贪吃蛇游戏</title>
</head>
<body>
    <!-- 游戏容器元素 -->
    <div id="ickt" class="ickt"></div>
<script type="text/javascript" src="js/index.js"></script>
</body>
</html>
```

1.1　接到任务

"小白，"经理走过来喊他，"未来咱们要开始游戏的开发，我想让你先开发一个《贪吃蛇》游戏，体验一下游戏开发的过程，之后给大家分享一下这个项目的开发心得。"

"没问题！"小白信心满满地回答。

小白没有急于游戏的开发，而先进行了游戏分析。

首先，在游戏的模块划分方面，游戏中的主体有蛇、地图，以及食物，因此应该划分 3 个模块，为保证其完整性，可以用类来设计。

其次，在游戏规则方面，要注意以下几点。

● 蛇不能触碰地图的边界，否则，蛇死亡。

- 蛇不能触碰地图中的障碍，否则，蛇死亡。

- 蛇不能触碰自身，否则，蛇死亡。

- 蛇可以吃食物。在吃食物时，蛇身体增长，食物消失，并在其他位置出现食物（不能出现在障碍物上），玩家积分增加。

- 当积分足够多的时候，玩家过关。

1.2　3 个模块

根据之前小白的分析，有蛇、地图、食物 3 个模块，因此要创建 3 个类。然而，一个游戏项目中不仅有这 3 个模块，还有游戏主循环、事件交互、碰撞检测等，这些应该放在项目的什么位置呢？

小白思考片刻，心想："既然要检测蛇与地图的碰撞，蛇与障碍的碰撞，蛇在地图中的爬行，食物在地图中的渲染等，干脆把这些业务逻辑都写在地图类中，将地图类看成游戏主类，将其他各个模块传入其中。"于是小白在 js/index.js 文件中写了如下代码。

```
/***
 * 游戏主类
 * @id            游戏容器元素 id
 * @snake         蛇的实例化对象
 * @food          食物的实例化对象
 **/
function Game(id, snake, food) {}
// 蛇类
function Snake() {}
// 食物类
function Food() {}
// 实例化 3 个模块
new Game('app', new Snake(), new Food());
```

1.3　地图绘制

于是，小白开始了游戏主类的创建。

要绘制地图，小白心想："蛇在棋盘中运动，棋盘是由一个个格子组成的，这些格子是否可以用 DOM 元素来创建呢？比如，为了创建一个 20×20 的棋盘，只要创建 div 元素，并添加相应的样式就可以了。"

棋盘分为行和列，因此小白在 css/index.css 文件中写下了如下样式。

```
/*清除默认样式*/
*{
    margin: 0;
    padding: 0;
```

```
    }
    /*棋盘居中*/
    .game {
        margin: 50px auto;
        border: 1px solid #ccc;
    }
    /*每行不能溢出*/
    .row {
        overflow:hidden
    }
    /*列与列之间相邻，通过 border 定义边界*/
    .col{
        float:left;
        width:18px;
        height:18px;
        border:1px solid #ddd;
    }
    /*计分样式：在地图上显示分数*/
    .score {
        position: fixed;
        top: 10px;
        left: 50%;
        margin-left: -100px;
        width: 200px;
        text-align: center;
        font-size: 30px;
    }
```

　　小白实现了游戏主类 Game，定义了一些配置信息，渲染了地图，并给地图的行元素与列元素设置了样式。

```
function Game(id, snake, food) {
    this.mapDom = document.getElementById(id);    // 获取容器元素
    this.snake = snake;                           // 蛇实例化对象
    this.food = food;                             // 食物实例化对象
    this.map = [];                                // 地图数组
    this.stone = [];                              // 障碍物数组
    this.timer = null;                            // 游戏主循环句柄
    this.row = 20;                                // 游戏行数
    this.col = 20;                                // 游戏列数
    this.cell = 20;                               // 方格的宽度
    this.score = 0;                               // 游戏分数
    this.levelScore = 20;                         // 游戏结束分数
    // 初始化游戏
    this.init();
}
// 游戏初始化方法
Game.prototype.init = function() {
    // 初始化地图容器元素样式
    this.initMapStyle();
    // 渲染地图
    this.renderMap();
}
// 初始化地图容器元素样式
Game.prototype.initMapStyle = function() {
    // 设置类"+="避免影响原有类
    this.mapDom.className += ' game';
```

```
        // 设置宽与高
        this.mapDom.style.width = this.col * this.cell + 'px'
        this.mapDom.style.height = this.row * this.cell + 'px'
}
// 渲染地图
Game.prototype.renderMap = function() {
        // 渲染地图，地图由行和列组成
        // 遍历行
        for (var i = 0; i < this.row; i++) {
                // 行是一个具有 row 类的 div 元素
                var row = document.createElement("div");
                row.className = "row";
                // *为了方便在 JavaScript 中操作 DOM，将 DOM 缓存在数组中，由于不能在
                一次循环中缓存所有的 DOM 元素，因此先将每一行元素缓存在一个数组中*//
                var arr = [];
                // 遍历列
                for (var j = 0; j < this.col; j++) {
                        // 列是一个具有 col 类的 div 元素
                        var col = document.createElement("div");
                        col.className = "col";
                        // 将每个列元素插入行元素中
                        row.appendChild(col);
                        // 缓存到行数组中
                        arr.push(col);
                }
                // 将每一行缓存到地图数组中
                this.map.push(arr);
                // 将行元素插入地图容器元素中
                this.mapDom.appendChild(row);
        }
}
```

小白打开浏览器，在浏览器上运行上述程序并查看运行效果，"非常完美!"，小白心里惊呼（见图 1-1）。

▲图 1-1　游戏棋盘格子地图

5

1.4 舞台主角

地图绘制完毕，略有小成，小白心里美美的，立即投入项目中蛇的开发。可是游戏中的蛇有什么特点呢？小白陷入了深思。

"蛇应该由连续的点构成，因此应该将它放在一个数组中。"

"可以将数组包含在蛇类中，但是这样每次都要访问这个数组，比较复杂。如果将蛇类的实例化对象看成类数组对象，这样访问就方便了，并且让对象继承几个数组方法，在修改成员时还能修改 length 值，这样操作这些成员更方便。"

"在运动的时候，蛇身体上的每个节点逐一移动一个单位。相对于移动前，移动后只是尾部少了一个节点，头部多了一个节点。其余节点可看成是没有改变的。因此，在尾部删除一个节点，在头部添加一个节点，蛇就可以移动起来了。"

"蛇吃食物之后，相对于移动前，头部多了一个节点，因此可认为尾部未删除节点，仅仅头部多了一个节点。"

"当在手机上滑动的时候（这里为了简化，我们先用计算机键盘的上下左右 4 个方向键模拟，后面章节会有触屏事件的实现），改变了蛇的方向，因此要为蛇类定义一个方向属性，来指明蛇的下一个移动方向。"

于是小白将定义蛇类，程序如下所示。

```
// 蛇类
function Snake() {
      // 将蛇看成类数组对象，每个成员代表蛇身体的一部分，里面存放的是坐标
      // 以下是蛇的初始化坐标
      this[0] = {row:10,col:9};
      this[1] = {row:10,col:8};
      this[2] = {row:10,col:7};
      // 保存蛇身体的长度
      this.length = 3;
      // 存储蛇尾的节点信息
      this.tail = null;
      // *方向属性，由于目前用键盘模拟，因此按键的 keyCode（键盘事件对象的属性，表示键码，如向上的方
向键的编码是 38） 默认向右*//
      this.direction = 39;   // 方向：左对应的键码是 37，上对应的键码是 38，右对应的键码是 39，下对
                             // 应的键码是 40
}
// 蛇实例化对象是一个类数组对象，为了方便对其操作，复制数组的常用方法
Snake.prototype.pop = Array.prototype.pop;
Snake.prototype.unshift = Array.prototype.unshift;
Snake.prototype.push = Array.prototype.push;
// 移动蛇的方法
Snake.prototype.move = function() {}
// 改变蛇的方向的方法
```

```
Snake.prototype.changeDirection = function(){}
// 蛇吃了食物后，会变长
Snake.prototype.growUp = function() {}
// 如果移动的蛇碰到自身，就会被杀死
Snake.prototype.kill = function() {}
```

为了看到地图中的蛇，小白在 Game 的原型上定义了 renderSnake 方法，并在 Game 类的初始化方法中执行，于是一条蛇就在画布中出现了（见图1-2）。

```
// 绘制蛇的方法
Game.prototype.renderSnake = function() {
    // 获取蛇的长度
    var length = this.snake.length;
    // 遍历蛇的身体，并在画布中进行绘制，即更改 DOM 的背景色
    for (var i =0; i < length; i++) {
        // 头是红色的，身子是橘黄色的
        this.map[this.snake[i].row][this.snake[i].col].style.background = i ===
            0 ? "red" : "orange";
    }
}// 游戏初始化方法
Game.prototype.init = function() {
    // 初始化地图容器元素样式
    this.initMapStyle();
    // 渲染地图
    this.renderMap();
    // 渲染蛇
    this.renderSnake();
}
```

▲图1-2 绘制一条蛇

1.5 移动起来

"如何让蛇动起来呢？"小白想起了昨天看到的 Gif 图，用 Photoshop 打开该 Gif 图后，发

现在这个 Gif 文件中包含了多张图片，Gif 图片在不同的时间点显示了不同的图片。小白心想：
"多张图片在一段时间内不停地切换，就会产生动画效果，如果在一段时间内不停地将蛇在不
同的位置绘制出来，那么蛇是否会运动呢？"小白按照自己的思路，在 Game 的原型上，创建
了游戏主循环，每 100ms 执行一次绘制，并将蛇移动一个位置。在游戏初始化的时候，执行
了这个主循环，其程序如下。

```
// 游戏主循环
Game.prototype.start = function() {
    // *由于在循环中作用域指向 window，因此为了方便在循环中使用实例化对象的方法，缓存当前作用域
(this)*//
    var me = this;
    // 执行主循环
    this.timer = setInterval(function() {
        // 让蛇移动
        me.snake.move();
        // 渲染蛇
        me.renderSnake();
    },100); // 每100ms 执行一次
}
// 游戏初始化方法
Game.prototype.init = function() {
    // ......
    // 开始游戏
    this.start();
}
```

为了让蛇移动，需要实现蛇的 move 方法，之前分析过，蛇的移动与方向有关系。由于前端
坐标系是倒置的数学坐标系（即数学坐标轴在水平方向上做投影），因此从原点开始，向上的 y 值
是负的，向下的 y 值是正的，向右的 x 值是正的，向左的 x 值是负的，如图 1-3 所示。如果方向向
上，那么头部应该向上移动一个单位，即 row（垂直分量）值减 1；如果方向向下，那么头部应该
向下移动一个单位，即 row 值加 1；如果方向向左，那么头部应该向左移动一个单位，即 col（水
平分量）值减 1；如果方向向右，那么头部应该向右移动一个单位，即 col 值加 1。

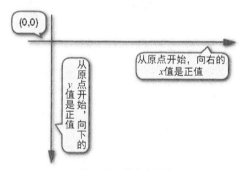

▲图 1-3　前端坐标系

由于不确定当前状态下蛇是否吃到食物，直接删除尾部的一个节点是不安全的，因

此要先存储待删除的尾部节点。

　　由于移动的节点是相对于当前头部节点的，因此复制头部节点，进行偏移量修正，并插入蛇的头部位置，实现程序如下。

```
// 移动蛇的方法
Snake.prototype.move = function() {
    // 删除并存储尾部节点
    this.tail = this.pop();
    // 如果方向是向右的
    if (this.direction === 39) {
        // 在头部加入该节点
        this.unshift({
            row: this[0].row,
            // 方向向右，水平分量col加1
            col: this[0].col + 1
        });
    // 如果方向是向上的
    } else if (this.direction === 38) {
        // 在头部加入该节点
        this.unshift({
            // 方向向上，垂直分量row减1
            row: this[0].row - 1,
            col:this[0].col
        });
    // 如果方向是向左的
    } else if (this.direction === 37) {
        // 在头部加入该节点
        this.unshift({
            row:this[0].row,
            // 方向向左，水平分量col减1
            col:this[0].col - 1
        });
    // 如果方向是向下的
    } else if (this.direction === 40) {
        // 在头部加入该节点
        this.unshift({
            // 方向向下，垂直分量row加1
            row:this[0].row + 1,
            col:this[0].col
        });
    }
}
```

　　把上述程序运行以后，小白有点吃惊，蛇在未吃食物的情况下，身体不停地在变长，（见图 1-4）。"这是怎么了？"刹那间小白脑海中闪出一个灵感，"我只顾着绘制蛇了，忘记清除上一次绘制的画了。"

　　于是在主循环程序中，小白执行了 clear 方法，在当前绘制之前，清除了之前地图上的所有样式，实现程序如下。

```
Game.prototype.start = function() {
    // ......
    me.snake.move();
    // 清除画布
    me.clear();
    me.renderSnake();
    //......
}
// 清除地图样式
Game.prototype.clear = function() {
    // 遍历地图中的所有元素，地图中的元素保存在 20*20 的一个二维数组中
    // 第一维表示行
    for(var row = 0; row < this.map.length; row++) {
        // 第二维表示列
        for(var col = 0; col < this.map[row].length; col++) {
            // 清除样式
            this.map[row][col].style = "";
        }
    }
}
```

　　小白打开浏览器，运行修改过的程序，发现蛇真的可以正常移动了，如图 1-5 所示。

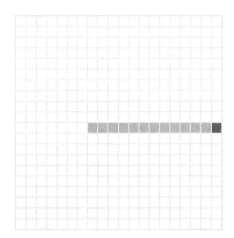

▲图 1-4　不停变长的蛇

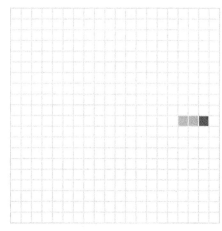

▲图 1-5　运动的蛇

1.6　不要"头铁"

　　"停住，'头铁'的蛇不要再移动了，前面就是墙呀！"小白喊了出来，但是并没有任何作用。蛇在画出一条优美的直线后"逃出"了地图。

　　"看来我要绑定事件，自己掌握蛇的移动方向了。"小白自言自语道。

　　小白找到 Game 初始化方法 init，在里面执行了一个方法——bindEvent，为蛇绑定了键盘事件。

　　// 游戏初始化方法

```
Game.prototype.init = function() {
    // ......
    this.start();
    // 绑定事件
    this.bindEvent();
}
// 绑定事件的交互
Game.prototype.bindEvent = function(){
    // DOM0 级事件回调函数的作用域指向 window，因此为了方便在回调函数中访问当前作用域，缓存 this
    var me = this;
      window.onkeydown = function(e){
            // 获取键码
            var kc = e.keyCode;
            // 过滤掉其他按键，只保留 4 个方向键
            if(kc === 37 || kc === 38 || kc ===39 || kc ===40) {
                // 让蛇改变方向
                me.snake.changeDirection(kc);
            }
        }
}
```

为了能够让蛇顺利地"听从"自己的指挥，小白对蛇类实现了 changeDirection 方法。向左移动的蛇不能立即向右移动，否则蛇将吃到自己而"死亡"；向上移动的蛇不能立即向下移动，否则蛇将吃到自己而"死亡"。因为蛇不能立即反向移动，所以要屏蔽掉反向移动。

```
// 改变蛇的移动方向
Snake.prototype.changeDirection = function(direction){
    // 方向：左对应的键码是 37，上对应的键码是 38，右对应的键码是 39，下对应的键码是 40
    // *我们发现左右方向的键码分别是 37 和 39，它们差值的绝对值是 2，上下方向的键码分别是 38 和 40，它
们差值的绝对值是 2，因此我们可以断定，如果方向改变前后键码之差的绝对值是 2，将是无效的改变*//
    if (Math.abs(direction - this.direction) === 2) {
        // 无效改变，返回
        return;
    }
    // 改变方向
    this.direction = direction;
}
```

1.7　画个圆圈

虽然可以顺利地改变蛇的方向，但是一不小心，蛇又移出了地图。"看来我要画个圆圈，限制它了，"小白心想，"这个圆圈就是地图边界，蛇如果撞到圆圈，游戏就该结束了。"

"之前分析过，要结束游戏，除了这一条规则之外，还有蛇吃到自己的身体，看来对于这条肆无忌惮的蛇，我要管管它了。"

于是在每次绘制蛇的时候，小白校验一下蛇是否违规。如果违规，那么游戏就要遗憾地结束了。

对于碰撞检测，小白心想："之前分析的结论是，蛇在每次运动的时候，可以抽象成头在

动，因此只需要检测蛇头是否触发碰撞就可以了。"

```javascript
// 游戏主循环
Game.prototype.start = function() {
    // ......
    me.snake.move();
    // 检测蛇是否碰到边界，是否"自杀"身亡（吃到自己）
    if (me.checkBorder() || me.snake.kill()) {
        // 如果碰到边界，游戏结束
        me.gameover();
        // 阻止后面的程序执行
        return ;
    }
    me.clear();
    // ......
}
/***
 * 检测蛇是否撞墙
 * 返回值表示是否出界，true 表示出界，false 表示未出界
 **/
Game.prototype.checkBorder = function() {
    / *检测蛇头部的横纵（行与列）坐标是否出界，即小于 0 或者大于或等于长度 20（注意，JavaScript 中数
组成员是从 0 开始计数的，比如，20 个数组成员中最后一个成员的索引值是 19，因此对于长度是 20 的数组来说，大
于或等于 20 就算出界）*/
    if(this.snake[0].row >= 20 || this.snake[0].row < 0 || this.snake[0].col >= 20
|| this.snake[0].col < 0){
        // 如果出界了返回 true
        return true;
    }
}
/***
 * 检测移动的蛇，如果碰到自身会被杀死
 * 返回值表示是否自杀， true 表示自杀，false 表示非自杀（无返回值会转换成 false）
 **/
Snake.prototype.kill = function() {
    / *判断蛇头是否与身体重叠，就是判断每一点的横纵坐标是否相同，为了方便理解，我们从第二个成员（索
引值是 1）开始判断，但是理论上，在我们的模型中，蛇只能拐直角弯，蛇与头后面的两个节点是无法相撞的，因此
可以从第 4 个节点开始判断**/
    for (var i = 1; i < this.length; i++) {
        // 判断两个节点是否重合
        if(this[0].row === this[i].row && this[0].col === this[i].col) {
            // 如果重合，说明相撞，返回 true
            return true;
        }
    }
}
// 游戏失败
Game.prototype.gameover = function() {
    // 终止主循环 ，不再绘制
    clearInterval(this.timer);
    // 提示消息
    console.log('游戏失败')
}
```

1.8 奖励食物

"是时候为蛇添加一些食物了,"小白心想,"可是食物要存储哪些信息呢?"

"行与列坐标是必要的,其他的就不需要了。"

奖励食物的程序如下。

```
// 食物类
function Food(row, col) {
    // 定义行坐标,默认值为 0
    this.row = row || 0;
    // 定义列坐标,默认值为 0
    this.col = col || 0;
}
```

运行程序后,小白按下按键随机发出一个食物,传递给了 Game 类。

```
// 实例化 3 个模块
new Game('app', new Snake(), new Food());
```

食物类有了,接下来就要绘制它了。于是在主循环中,绘制完蛇之后,绘制食物,如图 1-6 所示。

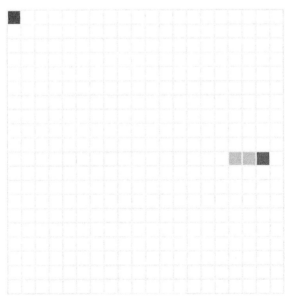

▲图 1-6 绘制食物

绘制食物的程序如下。

```
// 游戏主循环
Game.prototype.start = function() {
    // ......
    me.renderSnake();
    // 渲染食物，当食物出现在蛇身上时，为了能够显示食物，在绘制蛇之后再绘制食物
    me.renderFood();
    // ...
}
// 绘制食物
Game.prototype.renderFood = function(){
    // 根据食物的行和列坐标，找到对应的 DOM 元素，设置背景色
    this.map[this.food.row][this.food.col].style.background = "purple";
}
```

“嗯，食物绘制出来了，接下来就让蛇去吃食物吧。”

“如何才能吃到呢？”小白在心中问自己。

“没错，当蛇的头部与食物重叠时，不就吃到食物了吗？”

“那什么时候应该检测是否吃到食物呢？”

“嗯，最佳时刻就是在蛇移动后。而如果检测出来吃到食物，蛇要做什么操作呢？”“蛇吃到食物后就要长长一节，并且要重新绘制一个新的食物。”于是小白按照所思所想写下了代码。

```
Game.prototype.start = function() {
    // ......
    me.snake.move();
    // 检测蛇是否吃到食物
    if (me.checkEatFood()) {
        // 蛇要变长
        me.snake.growUp();
        // 重置一个食物
        me.resetFood();
    }
    // ......
}
/***
 * 检测蛇是否吃到食物
 * 返回值表示蛇是否吃到食物，true 表示蛇吃到食物，false 表示蛇没有吃到
 **/
Game.prototype.checkEatFood = function() {
    // 判断蛇的头部是否与食物的位置重合，即行坐标与列坐标是否相等
    if(this.food.row === this.snake[0].row && this.food.col === this.snake[0].col){
        // this.score++;
        // this.renderScore();
        // if (this.score >= this.levelScore) {
        //     this.gameover();
        //     alert('游戏通关！')
        // }
        return true;
    }
}
```

之前分析过，蛇在移动时会删除尾部的节点，吃到食物后，长度增加了，因此尾部的节点就不能删除了。下面需要把尾部节点添加回来。

```
// 蛇吃了食物后，会变长
Snake.prototype.growUp = function() {
    // 保留移动时删除的尾部节点
    this.push(this.tail);
}
```

"接下来，当蛇吃掉一个食物后，重置一个食物，可是重置的食物有没有局限性呢？"

"嗯……"小白沉思片刻。

"应该不能与蛇的头部节点重合，否则出现了食物岂不就被吃掉了？所以要检测重置食物的行坐标和列坐标是否与蛇的头部节点重合。"

```
// 重置食物
Game.prototype.resetFood = function(){
    // 随机生成行坐标与列坐标，并向下取整，保留整数
    var col = Math.floor(Math.random()*20);
    var row = Math.floor(Math.random()*20);
    // 判断是否与蛇的头部节点重合，如果重合，则重新随机生成行坐标与列坐标；否则，使用col和row
    if(this.snake[0].row === row && this.snake[0].col === col){
        // 若重合，则重新随机生成行坐标和列坐标
        this.resetFood();
        return;
    }
    // 重置食物的行坐标和列坐标
    this.food.col = col;
    this.food.row = row;
}
```

在初始化的时候，食物不能总是在左上角（0,0）点，但是随机生成食物的坐标可能与蛇的头部节点重合。用 resetFood 方法，就可以在游戏初始化 init 方法中随机给出一个食物坐标了。

```
Game.prototype.init = function() {
    // ......
    // 重置食物
    this.resetFood();
    this.renderMap();
    // ......
}
```

小白打开浏览器导入程序运行，试玩了一下，惊喜地发现，吃到食物的蛇变长了，如图 1-7 所示。

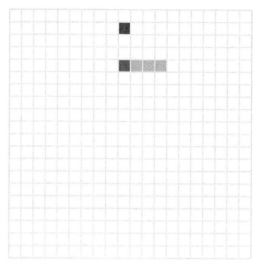

▲图 1-7　变长的蛇

1.9　获取奖励

"蛇不能白吃食物，应该给玩家一些奖励，并显示在页面中。"

"奖励应该如何设置呢？"

"如果蛇吃到食物，玩家可以获得分数，并绘制在页面中。当分数足够多的时候，用户就过关了。"小白这样思考着。

于是在游戏初始化的时候，小白初始化了计分模块，如图 1-8 所示。

```
function Game(id, snake, food) {
    // ......
    this.score = 0;            // 游戏分数
    this.levelScore = 20;      // 游戏结束时的分数
    // ......
}
// 游戏初始化方法
Game.prototype.init = function() {
    this.initMapStyle();
    // 初始化计分样式
    this.initScoreStyle();
// ......
}
// 初始化计分模块
Game.prototype.initScoreStyle = function() {
    // 创建元素
    this.scoreDOM = document.createElement('div');
    // 添加 score 类，设置样式
    this.scoreDOM.className = 'score';
    // 渲染到页面中
```

```
        this.mapDom.appendChild(this.scoreDOM);
        // 渲染分数，将该部分业务逻辑进行封装，方便日后复用
        this.renderScore();
}
// 将分数渲染在页面中
Game.prototype.renderScore = function() {
        // 绘制分数
        this.scoreDOM.innerHTML = this.score;
}
```

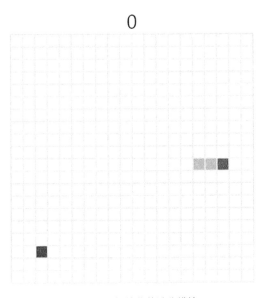

▲图 1-8　初始化的计分模块

　　蛇吃掉食物，玩家获取分数奖励，并把分数绘制在页面中。然而，分数的多少又决定着是否过关，因此在更新分数的时候判断玩家是否过关了，如图 1-9 所示。

```
Game.prototype.checkEatFood = function () {
        // 判断蛇的头部是否与食物的位置重合，即两者的行坐标与列坐标是否相等
        if(this.food.row === this.snake[0].row && this.food.col === this.snake[0].col){
                // 吃掉食物，增加分数
                this.score++;
                // 渲染分数
                this.renderScore();
                // 检测分数是否达标
                if (this.score >= this.levelScore) {
                        // 分数达标，游戏结束
                        this.gameover();
                        // 提示用户通关
                        alert('游戏通关！')
                }
                return true;
        }
}
```

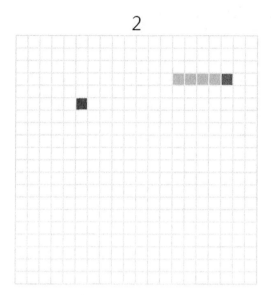

▲图 1-9 吃到食物，奖励分数

1.10 增加难度

"现在游戏可以正常运行了。为了提高娱乐性，还可以在场景中添加一些障碍，提高游戏难度，比如在游戏中添加一组墙，如果蛇碰到这些墙，游戏就结束。若这样改进，对于其他的模块有影响吗？"

小白陷入了沉思。

"对！重置食物与蛇的移动。如果食物出现在墙上，那么游戏就出现 Bug 了。因此，对于重置的食物，我们要检测食物是否出现在墙的位置上。如果食物真的出现在墙的位置上，我们就要再一次重置食物。如果蛇在移动时撞到墙，游戏就结束了，因此在蛇移动后检测蛇是否撞墙。"

首先，小白在游戏中定义一组墙，程序如下所示。

```
function Game(id, snake, food) {
    // ......
    this.map = [];              // 地图数组
    // 障碍物数组,存储每个点的行坐标与列坐标
    this.stones = [
        {row: 8, col: 8},
        {row: 8, col: 7},
        {row: 8, col: 6},
        {row: 8, col: 5},
        {row: 8, col: 4},
        {row: 8, col: 3},
```

```
            {row: 8, col: 2},
            {row: 8, col: 1}
    ];
    // ......
}
```

然后，在主循环中，清除画布后，绘制这组墙，实现程序如下。

```
// 游戏主循环
Game.prototype.start = function() {
    // ......
    me.clear();
    // 渲染障碍物
    me.renderStone();
    // ......
}
Game.prototype.renderStone = function(){
    // 遍历墙
    for(var i = 0; i < this.stones.length; i++){
        // 根据墙的行坐标与列坐标，在地图中找到该元素，绘制背景色
        this.map[this.stones[i].row][this.stones[i].col].style.background="black";
    }
}
```

接着，当重置食物的时候，检测是否食物重置在墙内，实现程序如下。

```
Game.prototype.resetFood = function(){
    // ......
    // 遍历所有墙
    for(var j = 0; j < this.stones.length; j++){
        // 如果食物的行坐标和列坐标与墙上某点的行坐标和列坐标相等，则把食物绘制在墙内
        if(this.stones[j].row === row && this.stones[j].col === col){
            // 为了把食物绘制在墙内，要重新绘制
            this.resetFood();
            // 阻止后面的操作
            return;
        }
    }
    // 重置食物的行坐标与列坐标
    this.food.col = col;
    this.food.row = row;
}
```

最后，当蛇移动时，检测蛇是否撞墙。在图 1-10 中，蛇撞到墙。由于我们将蛇的移动抽象成蛇的头部在移动，因此只需要检测蛇的头部节点即可，具体代码如下。

```
Game.prototype.start = function() {
    // ......
    // 检测蛇是否碰到边界、是否碰到障碍物、是否"自杀"身亡（吃到自己）
    if (me.checkBorder() || me.checkStone() || me.snake.kill()) {
        // ......
    }
    // ......
}
```

```
/***
 * 检测是否撞墙
 * 返回值表示是否撞墙，true 表示撞墙，false 表示未撞墙
 **/
Game.prototype.checkStone = function() {
    // 遍历墙的所有节点
    for(var i = 0; i < this.stones.length; i++) {
        // 如果某节点与蛇的头部节点的行坐标与列坐标重合，则撞墙
        if(this.snake[0].row === this.stones[i].row && this.snake[0].col ===
this.stones[i].col){
            // 如果撞墙，返回 true
            return true;
        }
    }
}
```

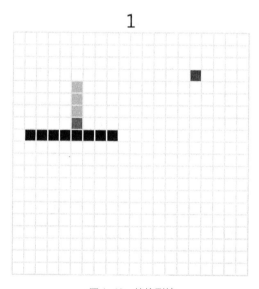

▲图 1-10　蛇撞到墙

1.11 一盆冷水

游戏改版大功告成，小白很开心，于是带着自己的成果，在同事面前分享。

身旁同事小铭看了看小白写的贪吃蛇游戏，表情凝重，提出了一些问题。

"小白，你的游戏写得很不错，用面向对象的开发方式，对业务模块进行了分成，但是我还有几个问题。"

"你将 Snake 类和 Food 类传递给了 Game 类的实例化对象，如果 Snake 类或者 Food 类的实例化对象出现问题，岂不是会影响 Game 类？也就是说，它们现在耦合在了一起，如何对它们解耦呢？"

"如果以后介入多个玩家，代码扩展性如何呢？"

"如何管理模块之间的依赖关系呢？"

"我们马上要进行复杂游戏的开发了，开发的游戏种类可能不仅仅这一个，如何能够复用游戏中的业务逻辑呢？比如，游戏循环、游戏提示界面、事件绑定等。"

"你认为你写的代码中哪些模块可以被其他游戏复用呢？"

"随着游戏复杂性的提高，如何管理这些实例化对象及其关系呢？"

"操作 DOM 会不断触发浏览器的重绘和重排，有没有什么方式来提高性能呢？"

"如果游戏基于 Canvas，你会如何管理 Canvas？如果游戏需要图片，你如何加载并管理它们呢？"

"既然是移动端的项目，关于移动端视屏适配，你是如何做的？"

"你的游戏帧频设置成了 10 帧/秒（Flash 动画的帧频大概是 18 帧/秒，视频的帧频大多是 30 帧/秒，浏览器渲染的频率约 60 帧/秒），这种降低帧频的方式在一些高级游戏中是否会影响游戏的流畅性呢？"

小铭一连串的发问，使得小白措手不及，默默低下了头，内心充满了惭愧。

看来写好一个小游戏也不是一件简简单单的事。

小铭的发问给小白敲响了警钟。在下一章中，为了解决小铭提出的问题，在小铭的帮助下，小白将完成一个游戏框架的创建。

下一章剧透

由于模块间的耦合，项目的复杂度会随着项目的增大不断增长。下一章将介绍一种组件化开发思想来解决模块间的耦合问题，实现模块独立开发，即插即用。

我问你答

请尝试在画布中绘制多条贪吃蛇。

附件

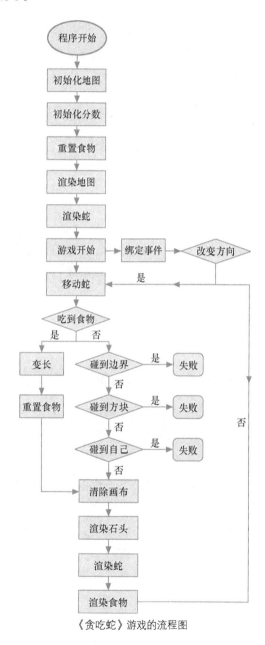

《贪吃蛇》游戏的流程图

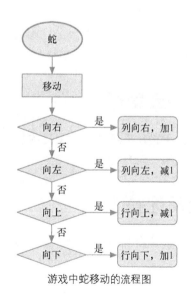

游戏中蛇移动的流程图

第2章 《大转盘》游戏——模块化与组件化开发

游戏综述

《大转盘》是一款令人着迷而又刺激的转盘类游戏。它由一个轮盘和一个箭头组成。轮盘以转轴为中心转动，并且将轮盘分成多个部分，转动结束后，根据箭头指向的区域来决定玩家的最终奖励结果。

游戏玩法

玩家转动转盘，转盘开始转动一段时间后，随机停在某个区域，玩家可以获取该区域对应的奖项，当转到"谢谢惠顾"区域时，玩家无奖励。

项目部署

css：游戏样式文件夹。

reset.css：reset 样式文件。

style.css：游戏样式文件。

img：游戏中相关图片的文件夹（相关图片文件省略）。

js：游戏模块的文件夹。

player.js：玩家模块。

ui.js：UI 模块。

lib：核心库的文件夹。

ickt.js：核心库文件。

index.html：游戏入口文件夹。

入口文件

```html
<!DOCTYPE html>
<html lang="en">
<head>
    <meta charset="UTF-8">
    <meta name="viewport" content="initial-scale=1,maximum-scale=1,minimum-scale=1,
user-scalable=no,width=device-width">
    <link rel="stylesheet" type="text/css" href="css/reset.css">
    <link rel="stylesheet" type="text/css" href="css/style.css">
    <title>欢乐大转盘游戏</title>
</head>
<body>
    <div id="app"></div>
<script type="text/javascript" src="lib/ickt.js"></script>
<script type="text/javascript" src="js/ui.js"></script>
<script type="text/javascript" src="js/player.js"></script>
<script type="text/javascript">
    // 启动整个应用程序
    Ickt()
</script>
</body>
</html>
```

2.1　新的开始

"之前小白给大家分享了他开发的《贪吃蛇》游戏，大家有什么想法呢？"经理问。

"我觉得既然开发移动端的游戏，因为移动端浏览器基本上都实现了 ECMAScript 5
（JavaScript 语言的核心语法标准）的规范，所以我建议淘汰低级浏览器，使用高级语法提高开
发效率。但是目前浏览器对 ECMAScript 6 的支持不好，采用 ECMAScript 6 语法又需要编译成
ECMAScript 5，而在编译 ECMAScript 6 的过程中又会造成额外的开销。额外的开销又是不受
控制的（例如，对类或继承的模拟实现等），这对高性能的游戏来说是一种极大的浪费，所以
我建议基于 ECMAScript 5 版本开发项目，等到 ECMAScript 6 语法被所有浏览器实现了，我们
再转向 ECMAScript 6 语法。当然，如今 Node.js 紧跟 ECMAScript 标准，等以后，我们开发后
端时还可以考虑采用 ECMAScript 6 或更高版本的 ECMAScript。不过一个项目中采用两套标准
又会增加开发成本。"小铭回答道。

"的确，昨天小铭问我了很多问题，回去想了想这个游戏项目，确实很多地方做得不够精
致，所以咱们要重新设计一个可以复用并且能够解决模块之间耦合问题的游戏框架。"小白回
答道。

"是呀，在开发游戏过程中，如果每个人能够复用一些底层的业务逻辑，那么将极大地提高团
队的开发效率。"经理接着说，"小铭，游戏框架的设计就由你和小白一起来完成。"

"好的，没问题。"小铭和小白齐声回答道。

2.2 命名空间

"小白，你知道如何解决模块之间的耦合问题吗？"小铭问。

"在创建模块时，避免将模块作为参数传递吗？"小白答。

"差不多，总之，要让它们隔离，但是这涉及通信问题，你知道如何解决吗？"小铭说。

"模块通信？嗯……通信类设计模式？"小白说。

"行为型设计模式通常都是用来解耦的，但是为了解决模块之间的耦合，我们可以使用观
察者模式。"小铭说。

"观察者模式？"小白追问。

"嗯，在独立的模块之间，通过订阅发布消息，不就解决模块间的通信问题了吗？所以我
们的框架一定要采用观察者模式。"小铭补充道。

于是小白打开计算机，准备定义一个观察者模式。

"别着急，上来就定义一个全局变量岂不是污染了全局作用域？我们要按照单例模式，创
建一个命名空间来约束所有的代码。"小铭说道。

"对，不过对于创建的这个全局变量我们是不是要想想它该实现哪些功能呢？"小白问道。

"没错，不过现在只有一个需求，就是为全局变量定义一个观察者模式，后面我们也许还要将更多的功能重载（根据传递的不同参数，同一个方法实现不同的功能）到这个方法中。现在大家都用模块化开发，所以为了能够在服务器端使用，而不是仅仅用于浏览器环境下，我们也要将它作为接口暴露。"

"是呀，还是先实现眼前的功能吧。"于是小白基于 ECMAScript 5 规范，将 Ickt 实现为一个多继承方法，并将它作为接口暴露出来。实现程序如下。

```
// 写在闭包中，避免对全局作用域的污染
(function() {
    // 按照 ECMAScript 5 的严格模式
    'use strict';
    // 在浏览器中 this 指向 window，在服务器端 this 指向 exports
    var root = this;
    // 定义 Ickt 命名空间
    var Ickt = function() {
        // 从第二个参数开始，将每个对象中的属性方法复制到第一个对象中
        return Object.assign.apply(this, arguments)
    }
    // 在模块化中，作为接口暴露
    if (typeof module !== 'undefined') {
        module.exports = Ickt;
    // 否则暴露全局作用域
    } else {
        root.Ickt = Ickt;
    }
// 传递全局作用域中的当前对象
}.call(this))
```

2.3　模块通信

"好了，现在有了 Ickt 方法，我们就可以实现观察者模式了吧？"小白问。

"当然，不过你要注意，我们要将观察者模式定义在 Ickt 这个'全能的'方法上。在定义之前，你想过没有，我们要为观察者模式对象定义哪些方法，哪些方法要暴露出来？"小铭问。

"我想应该有一个存放消息的管道序列。当然，为了避免外界能够直接访问它，我们可以将它私有化（坦白地讲，JavaScript 没有 private 关键字，我们可以通过将它存储在闭包中实现）。我们还需要订阅消息的方法、发布消息的方法、注销消息的方法，这 3 个方法是希望别人访问的，因此可以将它们暴露出来。"小白说道。

"没错，这里再为观察者对象（消息系统）增加一个单次订阅消息的方法。"小铭补充道。实现程序如下。

```
// 为 Ickt 扩展观察者对象（消息系统）
Ickt(Ickt, {
    // 定义观察者对象，为了将消息管道私有化，把它放在一个闭包中
    EventCenter: function() {
        // 定义消息管道，将消息私有化
        var __message = {};
        // 返回接口方法
        return {
            // 订阅消息的方法
            on: function() {},
            // 单次订阅消息的方法
            once: function () {},
            // 发布消息的方法
            trigger: function() {},
            // 注销消息的方法
            remove: function() {}
        }
    // 执行该方法，暴露接口
    }()
})
```

"既然定义了方法，就赶快实现它们吧。"小白准备立即动手实现方法。

"别着急，小白，执行消息回调方法通常是要考虑其执行环境的，也就是其执行时的作用域，你想过没有，对于回调函数执行时的作用域，我们在定义消息的时候传递还是在执行消息的时候传递？"小铭问。

"当然是在执行时传递更好了，因为函数在执行，所以我们可以传递数据，也可以传递作用域了。"小白不假思索地回答。

"没错，后面我们要实现模块化开发或者组件化开发，如果函数在执行时要使用定义的一些环境数据呢？"小铭问。

"还能有这种需求？"小白问。

"当然，比如，对于一个组件（我们简单理解为一个对象）订阅的一个私有方法，在执行时我们想访问这个组件，你在执行时改变了作用域，让我怎么办？"

"你提醒了我，在工作中常常遇到这种问题，以前我都是通过闭包缓存作用域解决这种问题的。"

"嗯，是呀，之前你说过消息方法执行时的作用域问题，ECMAScript 5 提供了 bind 方法以完美地解决这类问题，所以我们还将作用域的传递放在订阅消息的 on 以及 once 方法中，这样发布消息的 trigger 方法中所有的参数都可以看成传递的数据了。这样在通信时，我们可以更加方便地传递数据了。"

注意，由于篇幅限制，要深入理解观察者模式，请参阅《JavaScript 设计模式》第 17 章，或爱创课堂的相关设计模式教程，这里不做过多阐述了。实现程序如下。

```
// 为了方便开发，这里为 Ickt 对象复制一些常用方法
// 扩展一些常用方法
Ickt(Ickt, {
    // 复制截取数组的方法
    slice: [].slice,
    // 复制删除并插入新成员的方法
    splice: [].splice,
    // 复制把对象转换成字符串的方法
    toString: Object.prototype.toString
})
// 为了方便提示程序运行时的一些问题，我们将提示信息格式化，并封装成方法
Ickt(Ickt, {
    // 信息提示，当希望给用户提供一些建议的时候，可以使用该方法
    info: function(msg) {
        // console 存在，通知用户
        console && console.log('[Ickt Info]: ' + msg);
    },
    // 警告
    warn: function(msg) {
        // console 存在，警告用户
        console && console.warn('[Ickt Warn]: ' + msg);
    },
    // 轻微的错误提示（例如，模块类名需要大写）对程序规范等有影响，但是程序仍正常运行
    error: function(msg) {
        // console 存在，提示错误
        console && console.error('[Ickt Error]: ' + msg)
    },
    // 严重的错误提示，例如，死循环、堆栈溢出等
    seriousError: function(msg) {
        // 抛出错误，终止执行
        new Error('[Ickt Serious Error]: ' + msg)
    }
})
```

首先，定义订阅消息的方法——on，它接收消息类型、消息回调函数以及回调函数执行时的作用域参数。为了方便订阅，我们将返回当前对象。

```
/**
 * 订阅消息的方法
 * @type           消息类型
 * @callback       消息回调函数
 * @context        回调函数执行时的作用域
 * return          当前对象，用于方便链式调用
 ***/
on: function(type, callback, context) {
    // 如果消息管道中存在这条消息
    if (__message[type]) {
        // 加入新的回调函数
        __message[type].push({
            // 定义回调函数
            callback: callback || function() {},
            // 定义作用域，注意，默认作用域为 null，指代调用 on 方法的对象，后面会将 on 复制
            // 到各个组件模块中，此时 this 将不再指代 EventCenter 返回的接口对象
            context: context || null
```

```
        })
    // 如果消息管道中不存在该消息
    } else {
        // 定义存储该消息的容器
        __message[type] = [];
        // 再次调用该方法，存储消息
        this.on(type, callback, context)
    }
    // 返回当前对象
    return this;
},
```

然后，定义单次订阅消息的方法——once，与 on 方法类似，once 方法只不过要在执行时注销该消息，保证该消息只能显示一次。为了提供注销结果，我们将装饰回调函数。

```
/**
 * 单次订阅消息的方法
 * @type          消息类型
 * @callback      消息回调函数
 * @context       回调函数执行时的作用域
 * return         当前对象，用于方便链式调用
 ***/
once: function (type, callback, context) {
    // 函数执行时的作用域，默认为 null
    context = context || null;
    // 单次触发，即只能触发一次，也就是说，在触发前将它销毁，因此我们要将回调函数装饰成一个新的函数，
    // 从而提供销毁该回调函数的机会
    var fn = function () {
        // 在执行回调函数之前注销，为了避免在销毁前再次触发时出现的死循环
        this.remove(type, {
            // 定义回调函数
            callback: fn,
            // 定义作用域
            context: context
    })
        // 在 context 作用域下执行回调函数，并传递所有参数
        callback.apply(context, arguments)
    // 为了让 fn 作用域与 once 一致，要绑定 this 作用域
    // ECMAScript 5 中 bind 方法的实现，请参考《JavaScript 设计模式》
    }.bind(this)
    // 注册该消息
    this.on(type, fn, context)
},
```

发布消息的方法很简单，我们也许要在发布消息的时候传递一些自定义数据，但是只能从第二个参数开始传递，因此要从第二个参数获取数据，并传递给回调函数。有时候我们需要获取执行的结果，因此我们将每个回调函数执行的结果包装起来并返回。

```
/**
 * 发布消息的方法
 * @type          消息类型
 * return         返回每个回调函数执行时的结果以及传递的数据
 ***/
```

```
trigger: function(type) {
    // 我们认为第一个参数是消息类型，从第二个参数开始表示传递的自定义数据，所以从第二个参数开始获取数据
    var arg = Ickt.slice.call(arguments, 1);
    // 定义返回的结果
    var result = [];
    // 如果该消息存在
    if (__message[type]) {
        // 遍历该消息源
        __message[type].forEach(function(obj) {
            // 消息容器中的每一个成员是对象，将 callback 回调函数的属性放在 context 作用域下，
            // 并传递自定义的 arg 参数
            result.push(obj.callback.apply(obj.context, arg))
        })
    // 如果没有该消息，返回 null
    } else {
        // 提示用户，该消息没有注册
        Ickt.warn(type + ' message not defined!')
        // 返回 null
        return null;
    }
    // 返回结果
    return result.concat(arg);
},
```

在注销消息的方法中，我们提供了 3 种使用方式：不传递参数，此时会注销所有消息，所以要慎用；传递一个消息类型参数，此时会注销该消息类型下的所有回调函数；传递两个参数，此时要注意，注销的消息不仅要判断回调函数是否相同，还要判断作用域是否一致，如果有一个不一致，该消息就不能注销。

```
/**
 * 注销消息方法
 * @type              消息类型
 * @messageObject     消息成员对象或者回调函数
 * return             当前对象，方便链式调用
 ***/
remove: function(type, messageObject) {
    // 如果没传递任何参数
    if (!type) {
        // 清空整个消息管道
        __message = {};
        // 返回当前对象
        return this;
    }
    // 如果存在消息管道
    if (__message[type]) {
        // 如果传递了消息成员对象
        if (messageObject) {
            // 将该消息删除，即从消息容器中过滤出回调函数相等并且作用域相等的对象
            __message[type] = __message[type].filter(function(msgObj) {
                // 条件是：如果是回调函数，回调函数不相等；
                // 如果是消息成员对象，回调函数不相等，或者作用域不相等
                return typeof messageObject === 'function' ? msgObj.callback !==
                messageObject : msgObj.callback !== messageObject.callback ||
                msgObj.context !== messageObject.context;
```

```
            })
        // 没有传递消息成员对象
        } else {
            // 清空该消息容器
            __message[type] = [];
        }
    }
    // 返回当前对象
    return this;
}
```

"搞定了！"小白兴奋地说，"赶快来让我测试一下。"

"别着急！"小铭拉住小白说，"我们现在只将属性方法添加到 Ickt.EventCenter 中，以后订阅发布消息都要通过 EventCenter 对象是不是很麻烦？所以我们可以将 EventCenter 中的方法复制到 Ickt 中，这样以后再发布订阅消息岂不是很方便？"

于是小铭在后面加了一行程序。

```
// 为方便订阅发布消息，将 EventCenter 中的方法复制到 Ickt 对象中
Ickt(Ickt, Ickt.EventCenter);
......
```

兴奋之余，小白写下了测试用例。

```
// 定义回调函数
function demo(msg) {
    console.log(msg)
}
// 订阅消息
Ickt.on('hello', demo)
// 注销消息
Ickt.remove('hello', demo)
// 发布消息
Ickt.trigger('hello', '雨夜清荷')
```

2.4　组件化开发

"小白，你知道之前你写的《贪吃蛇》游戏中的各个模块类为何会耦合在一起吗？"小铭问。

"因为在开发过程中相互传递了数据，如 new Game('app', new Snake(), new Food())，并且将蛇的类和食物类的实例化对象传递给了游戏类。"小白回答。

"你知道这样开发可能会产生什么问题吗？"小铭问。

"也许像你说的，耦合在一起，以后维护成本更高。"小白回答。

"你只说对了一点。"小铭补充道，"一旦将一个游戏系统设计成了整块应用，在业务增加或变更的时候系统的复杂度会呈指数级增长，通常一个小小的改动就会引起整个应用的修改，

造成牵一发而动全身的后果。"

"那你说，我们应该怎么设计我们的游戏框架呢？"小白问道。

"我们可以将整个游戏系统分解成一个个小的部分，这些小的部分彼此互不干扰，可以独立开发，单独维护，而在使用的时候，它们彼此又可以随意组合。就像计算机，它包括内存卡、硬盘、CPU、显卡、主板、键盘、鼠标等。这些部件都由不同的公司按照一套标准单独生产，再将它们组装在一起，如果某个部件出现了问题，或者需要更新，我们只需要单独对它操作，修复并组装之后即可正常使用。在前端开发中，这套化繁为简的思想就是最近火热的组件化开发了。"小铭回答道。

"这听上去很像是组合模式。"小白点点头。

"听上去很简单，但是实现起来就要有很多注意点了。首先，计算机部件的装配是要依据一套标准的，因此在定义组件（component）的时候，我们就要考虑好这套标准。其次，部件的组合体现了组件的重用性，我们就要考虑哪些组件模块是可以重用的，哪些不可以，如果可以重用，我们应该如何重用。再次，定义这些组件模块还要考虑到可维护性、可扩展性以及独立性，要保证定义的组件不受其他组件影响，也要保证日后需求变化时方便扩展。更重要的是，要足够简单明了，降低出现 Bug 的概率。最后，最关键的一点就是组件之间的组合了，它涉及多个组件如何通信，组件之间是否有先后的依赖顺序，这就要求定义的组件既要完整独立，又要在必要的时候协同工作。"小铭说。

"听你这么一说，感觉我们任重而道远呀！"小白感叹地说。

"别灰心，我们一步一步来，万事开头难，起个好头，后面的一切都会平稳度过的。现在我们先别总想一步到位，我们由浅入深，逐一实现框架的组件化开发。"小铭说。

"在前端开发里，组件通常指的是具有一组 HTML 结构、独立的样式和 JavaScript 行为的部件，例如，React 中的组件、Angular 6 中的组件、Vue 2.0 中的组件等，而它们与我们的需求又有些差距，它们通常是用来创建视图的；而我们更侧重于游戏的核心业务逻辑和 JavaScript 行为。所以在这里将划分组件。把游戏的交互部分（例如，模态框、进度条等）作为组件来开发，要囊括模板、样式和行为。把游戏的核心部分作为模块（module）来开发，通常只需要 JavaScript 行为，而不需要或需要较少的模板和样式。"小铭接着说，"在这里你可能看到模块包含的内容要比组件少，认为我们定义的模块是组件的子集，或者我们可以认为模块是一种模块组件（后面简称模块）。然而，在实现模块和组件的时候，模块比组件更接近底层，所需功能更少，更容易抽象和实现，所以我们会先从模块做起。"

"交互用的组件侧重于交互逻辑；游戏用的模块侧重于业务逻辑。" 小白说。

"没错，我们可以将模块作为基类，让组件作为其扩展类（后面章节详细讨论），这样它们就具有一致的行为了，只要定义模块，组件自然而然地就有了模样了。"小铭说。

"是的，可是我们应该如何定义模块呢？"小白问。

2.5　模块基类

"先不忙着定义，不论是模块还是组件，它们都具有哪些特征呢？"小铭问。

"我想，既然模块要解耦，模块间的通信就要靠观察者模式，那么发布订阅消息肯定是必不可少的。每个模块可以订阅消息也可以发布消息，这样，当创建（实例化）这个模块的时候我们首先要解析并订阅消息。"小白答道。

"没错，除了发布订阅消息之外，在模块的创建过程中，我们还应该做点什么事情呢？"小铭追问。

"你提醒了我，我们要知道模块什么时候实例化，什么时候实例化完成，什么时候所有的模块都实例化完成，什么时候模块被销毁等。"小白答道。

"太对了，这正是我想说的组件生命周期。既然是模块，在这里我们就叫它模块的生命周期。不过我还想补充几点，知道模块是什么时候实例化的还不够，我们还要知道模块类是什么时候定义的，因为我们可以为模块定义一些静态变量。既然定义了静态变量，我们还要为模块实例化对象定义获取静态变量的方法。为了让模块的生命周期更完整，我们还可以为模块定义模块实例化之前执行的方法等。"小铭补充道，"为了让模块具有更好的扩展性，我们还可以定义一个预留的钩子函数，让它在实例化时执行，这样就可以对当前类做相应的扩展了。"于是小铭开始定义模块基类，程序如下。

```
// 为 Ickt 扩展 Base 基类模块
Ickt(Ickt, {
    // 一切模块以及组件的基类
    Base: function() {
        // 解析模块的消息序列，并注册已有的消息
        Ickt.messageSerialization.call(this);
        // 为了扩展模块，我们在这里将执行模块预留的钩子函数
        this._hookCallbacks.forEach(function(fn) {
            // 注意，钩子函数一定要在当前模块实例化对象上执行
            fn.call(this);
        }.bind(this))
        // 一切数据实例化完成，执行模块的 initialize 生命周期钩子方法
        // 完整的生命周期方法将在后面给出
        this.initialize.apply(this, arguments)
    },
    // 解析模块的消息序列，并注册消息，后面会根据消息的存储方式来实现该方法
    messageSerialization: function() {}
})
```

2.6 生命周期

"实例化对象的数据属性通常存储在实例化对象自身中，而一些公用的方法则要存储在原型上，所以一些公用的消息、生命周期默认的钩子方法等都可以定义在基类的原型上。不过，既然用 ECMAScript 5 规范，就再规定一条：模块类的原型方法默认不能枚举，而实例化对象的直接属性数据才能枚举。所以接下来要定义一个继承特性的方法。"小铭边说边定义特性继承方法。

```
// 我们希望 Base 基类的属性具有特性，所以定义 propertiesExtend 的方法
Ickt(Ickt, {
    /**
     * 工具方法：我们简单地认为，设置属性对象至少包含两个属性
     * @obj        属性对象
     * return {Boolean}
     */
    isPropertyObject: function(obj) {
        return obj.value && (obj.enumerable !== undefined || obj.writable !==
        undefined || obj.configurable !== undefined)
    },
    /**
     * 特性继承，供类扩展原型方法时使用
     * @target        第一个参数表示目标对象
     * 从第二个参数开始，表示扩展对象
     ***/
    propertiesExtend: function(target) {
        // 获取扩展对象（从第二个参数开始）
        var args = Ickt.slice.call(arguments, 1);
        // 判断是否设置了特性
        var ipo = this.isPropertyObject;
        // 遍历扩展对象，每个成员代表一个扩展对象
        args.forEach(function(obj) {
            // 获取扩展对象的所有属性名称 key，并遍历这些 key
            Object.keys(obj).forEach(function(key, index) {
                // 定义特性属性对象
                var descriptor = {
                    // 原型方法默认不能枚举
                    enumerable: obj[key].enumerable || false,
                    // 原型方法默认可以再次配置
                    configurable: true
                }
                // 如果定义了 set 和 get 方法
                if (obj[key].set || obj[key].get) {
                    // 如果定义了 set 方法，则设置 set 方法
                    obj[key].set && (descriptor.set = obj[key].set);
                    // 如果定义了 get 方法，则设置 get 方法
                    obj[key].get && (descriptor.get = obj[key].get);
                // 如果没有设置 set 或者 get 方法，默认设置 value 和 writable 属性
                } else if (ipo(obj[key])) {
                    // 原型方法的 value 值默认为属性值
                    descriptor.value = obj[key].value;
```

```
                    // 原型方法默认可以修改
                    descriptor.writable = obj[key].writable;
                } else {
                    // 原型方法的 value 值默认为属性值
                    descriptor.value = obj[key];
                    // 原型方法默认可以修改
                    descriptor.writable = true;
                }
                // 为扩展的属性设置特性
                Object.defineProperty(target, key, descriptor)
            })
        })
        //返回当前对象
        return target;
    }
}))
```

这里将模块的生命周期分成 6 个阶段。

（1）beforeInstall：这是模块生命周期的第一个阶段。在模块安装前，进入该阶段。此时，类尚未实例化，所以只能访问模块类，作用域是模块类。在该阶段，可以初始化类的静态变量。该阶段只执行一次。

（2）beforeCreate：这是模块生命周期的第二个阶段。在模块实例化之前，进入该阶段。此时，模块实例化对象尚未注册消息，该阶段是模块实例化过程的开始阶段。为了增强"实例化之前执行"的语义，其作用域仍然是模块类。为了能够访问模块实例化对象，我们将模块实例化对象看成第一个参数，之后依次为模块实例化时传递的其他参数。所以在该阶段我们可以将模块类的静态属性数据传递给模块的实例化对象。

（3）initialize：这是模块生命周期的第三个阶段。在模块实例化的时候，进入该阶段。此时，组件消息已经注册，我们通常在该阶段初始化模块的一些默认属性数据。在后面章节中对模块或者组件参数注入服务功能的实现就是在该阶段完成的。

（4）afterCreated：这是模块生命周期的第四个阶段。在模块实例化完成后，进入该阶段。此时，模块实例化对象已经创建，可以使用访问的模块实例化对象的数据、方法，或者触发已绑定的事件。该阶段仅表示当前模块完成实例化，其他模块是否完成实例化是未知的。

（5）ready：这是模块生命周期的第五个阶段。在整个系统中所有需要创建的模块完成实例化后，进入该阶段，这是由系统发布的消息触发的阶段。进入该阶段说明其他模块都已安装完。在一个系统中，该阶段通常执行一次。

（6）beforeDestory：这是模块生命周期的第六个阶段。在该模块实例化对象被销毁后，进入该阶段，这是访问该模块实例化对象的最后一个阶段，经过该阶段，模块的所有消息都将被注销。实现程序如下。

```
Ickt.propertiesExtend(Ickt.Base.prototype,
    // 为基类扩展消息系统
    Ickt.EventCenter, {
    // 模块消息分成两类
    // 一类消息是在创建时自动绑定的, 定义在__message__中, 通常是系统消息
    __message__: {
        // 创建所有模块之后, 发布的一个系统消息 ready
        // 属性名称 key 表示消息名称
        // 属性值 value 表示回调函数名称, 要在组件中定义
        'ickt.ready': 'ready'
    },
    // 另一类消息是在各自的模块中单独定义的, 定义在 message 中
    message: {},
    // 理论上, 每一个模块都可能被扩展, 都应该定义默认的_hooks 方法, 在后面的章节中, 为了避免执行无
    //内容的_hooks, 我们放弃定义默认的_hooks 方法
    // _hooks: function() {},
    // 生命周期的 6 个阶段
    // 模块安装前
    beforeInstall: function() {},
    // 模块创建前
    beforeCreate: function() {},
    // 模块初始化
    initialize: function() {},
    // 模块创建后
    afterCreated: function() {},
    // 所有模块完成实例化后
    ready: function() {},
    // 模块实例化对象销毁前
    beforeDestory: function() {}
})
```

为模块消息定义格式之后, 我们便可以在实例化的时候解析并注册默认的消息。实现程序如下。

```
// 为 Ickt 扩展 Base 基类模块
Ickt(Ickt, {
    // 解析模块的消息序列并注册消息, 后面会根据消息的存储方式实现该方法
    messageSerialization: function() {
        // 将两类模块消息复制到一个对象中
        var msg = Ickt({}, this.__message__, this.message);
        // 遍历该消息对象
        for (var key in msg) {
            // 逐一注册,并传递回调函数执行时的作用域
            this.on(key, this[msg[key]], this)
        }
    }
})
```

为了使模块实例化对象能够访问模块类的静态数据, 我们为基类原型扩展 consts 方法。模块实例化对象的注销应主动注销, 因此也要定义 destory 方法。实现程序如下。

```
Ickt.propertiesExtend(Ickt.Base.prototype, {
    /**
```

```
 *  模块类的静态数据
 *  @key        属性名称
 *  @value      属性值
 ***/
consts: function(key, value) {
    // 如果 value 存在，则修改属性
    if (value !== undefined) {
        // 修改类的静态属性
        this.constructor[key] = value;
    // 如果 value 不存在，并且 key 是字符串，则获取类的静态属性
    } else if (typeof key === 'string') {
        // 获取类的静态属性
        return this.constructor[key]
    // 如果 value 不存在，并且 key 是对象，则设置类的多个静态属性
    } else if (Ickt.toString.call(key) === "[object Object]"){
        // 遍历这些静态属性
        for (var i in key) {
            // 逐一设置
            this.consts(i, key[i])
        }
    }
},
// 模块类的销毁方法
destory: function() {
    // 执行模块的最后一个生命周期钩子方法
    this.beforeDestory();
    // 注销该实例化对象注册的所有消息
    Ickt.destory(this)
}
})
```

上文出现了注销实例化对象的消息的方法 destory，所以要实现该方法。具体程序如下。

```
Ickt(Ickt, {
    /**
     * 注销实例化对象的所有已注册消息
     * @instance        实例化对象
     ***/
    destory: function(instance) {
        // 将两类消息复制到一个新对象中
        var msg = Ickt({}, instance.__message__, instance.message);
        // 遍历该消息对象
        for (var key in msg) {
            // key 表示消息名称，msg[key] 表示回调函数名称，通过 instance 才能访问对应的函数
            // 删除 key 消息类型下的回调函数，同时传递消息函数以及执行时的作用域
            instance.remove(key, {context: instance, callback: instance[msg[key]]})
        }
    }
})
```

2.7 定义模块

"模块基类定义完了，接下来我们要定义模块来继承模块基类吗？"小白问。

"没错，不过定义之前我们要想明白模块都有哪些用途，需要何时定义。比如，在定义时是否应该立即创建呢？模块之间是否会有依存关系呢？是否有一些模块要等到具体使用的时候再定义呢？一个模块类是否会创建多个实例化对象呢？这些问题我们要想明白。"小铭话锋一转，"不过现在我们刚起步，考虑太多反而让我们寸步难行，还不如我们先按照基本思想，创建一个简单的模块类，看一下测试结果，等我们熟悉这套体系了，再全盘考虑，根据需求进行调整。"

"对，可是你说的'基本思想'难倒我了，我们要怎么做呢？"小白追问。

"很简单，对于一个模块应该怎么用，是定义一个执行一个，还是所有的都定义完再一起实例化呢？"小铭问。

"嗯，让我想想，"小白皱紧眉头说，"在某个时刻，一起实例化，因为我们的模块有一个ready 周期。也就是说，所有模块都实例化完之后触发的周期。"

"是的，后面随着需求的复杂化，可能会有满足各种需求的模块，不过现在，我们就按照这种简单的思维实现模块。"小铭接着说，"如果这些模块一起创建，就要求我们在定义时，将它们放在一个容器序列中，当执行某一操作的时候，再逐一创建就可以实现了。不过，当务之急是实现一个模块类，并且要让这个模块类继承模块基类。"

"像你说的，定义模块类之前，我们应该想想模块类有哪些要求。"小白说道。

"看来你入门了，其实模块类很简单。首先类要大写，其次模块类不能重复定义，再次注意模块类的生命周期，要按照我们为模块定义的生命周期执行各个阶段方法。最后一点也很重要，模块不仅要继承模块基类，还要继承定义的各个方法。当然，有了 ECMAScript 5规范，我们在实现继承时，还可以适当运用些新技术，将定义的模块添加到安装序列中。"小铭说。

"继承？关于继承我知道几种，如构造函数式继承、类式继承（也叫原型式继承）、组合式继承、寄生式继承、寄生组合式继承、原子继承、多继承、静态继承、特性继承，以及 ECMAScript 6 对构造函数式继承的扩展……有这么多继承，我们应该用哪些呢？"小白问。

"对于构造函数来说，扩展式过于复杂，虽然缜密但是无关的判断太多，所以基本的构造函数式就行了。对于原型的继承，我们可以使用寄生式继承，以避免执行构造函数，但是 ECMAScript 5 提供了 Object.create 原子继承的方法，我们可以直接继承基类原型，然后修正构造函数。"小铭说。

实现程序如下。

```
Ickt(Ickt, {
    // 所有模块类集合
    ModuleClass: {},
```

```
/***
 * 安装模块
 * @name      模块名称
 * 从第二个参数开始，表示对该模块扩展的属性方法
 ***/
module: function(name) {
    // 模块名称首字母必须大写
    if (!/[A-Z]/.test(name[0])) {
        // 如果首字母没有大写，不符合规范，提示错误
        Ickt.error(name + ' 模块名称首字母大写')
    }
    // 判断是否已经创建了该模块
    if (Ickt.ModuleClass[name]) {
        // 如果创建了该模块，不能重复创建
        Ickt.error(name + ' 模块已经安装')
    }
    // 模块类要继承模块基类，基类就是 Base 类
    var Parent = this.Base;
    // 缓存 slice 方法
    var slice = this.slice;
    // 定义模块类
    var Module = function() {
        // 获取模块实例化时的参数，并转换成数组
        var args = Array.from(arguments);
        // 将实例化对象添加到数组中
        args.unshift(this);
        // 在构造函数的作用域下，进入组件生命周期的第二个阶段，并传递作用域和参数
        this.beforeCreate.apply(Module, args);
        // 继承父类构造函数
        return Parent.apply(this, arguments);
    }
    // 通过寄生式继承，可以继承基类的原型，但是 ECMAScript 5 提供了 create 方法，方便我们继承
    // 继承父类的原型和实现寄生式继承
    var protos = Module.prototype = Object.create(Parent && Parent.prototype, {
        // 纠正构造函数
        constructor: {
            value: Module,
            enumerable: false,
            writable: true,
            configurable: true
        }
    });
    // 获取创建模块时传递的参数
    var args = slice.call(arguments, 1);
    // 处理钩子函数，将所有继承模块的_hooks 钩子函数添加到数组中，逐一执行，即可实现方法的重载
    var callbacks = [];
    // 遍历每一个继承的模块
    args.forEach(function(proto) {
        // 如果存在钩子函数，并且是一个函数，存储该钩子函数
        proto && typeof proto._hooks === "function" && callbacks.push(proto._hooks)
    })
    // 继承模块集合中加入继承钩子函数的模块
    args.push({_hookCallbacks: callbacks})
    // 为了扩展模块类的原型，在数组头部加入模块原型
    args.unshift(Module.prototype)
```

```
        // 扩展原型
        // 原型继承的属性方法默认不可枚举
        this.propertiesExtend.apply(this, args)

        // 模块类的静态属性继承
        /** 如果支持 setPrototypeOf 方法，使用 setPrototypeOf 方法实现静态继承；否则，修改
        __proto__ 属性（在 ECMAScript 未来的版本中，不建议直接访问__proto__属性，而使用
        setPrototypeOf 代替）**/
        Object.setPrototypeOf ?
            Object.setPrototypeOf(Module, Parent) :
            (Module.__proto__ = Parent);
        // 模块即将安装，执行模块生命周期第一个阶段的方法
        protos.beforeInstall.call(Module, Module);
        // 安装模块
        Ickt.ModuleClass[name] = Module;
        // 将模块插入模块安装集合中
        this.installModule.push(name)
        // 返回 this，方便链式调用
        return this;
    }
})
```

2.8　方法重载

　　"有了模块，接下来，就可以安装模块了。不过之前说过，所有模块安装完并触发 ready 消息之后，每个模块都会进入生命周期的第五个阶段（ready），因此我们可以定义一个 ready 方法来实现所有模块的实例化，以及 ready 消息的发布。"小铭说道。

　　"为了这样定义模块，我们要调用 Ickt.module 方法。为了启动整个项目，要执行 ready 方法。我们可以把它们合并一下吗？"小白问。

　　"巧了，这正是我想说的，为了让框架更简单，我们只暴露一个接口方法 Ickt 即可，因此我们可以重载 Ickt，让它支持创建模块以及启动项目。"小铭接着说，"如果不传参数，就表示启动项目；如果传递多个参数，第一个参数是字符串，表示定义模块。"具体程序如下。

```
// 重载 Ickt 方法
var Ickt = function(key) {
    // 如果有参数
    if (arguments.length) {
        // 第一个参数是字符串
        if (typeof key === 'string') {
            // 执行安装模块的操作
            Ickt.module.apply(Ickt, arguments)
        } else {
            // 从第二个参数开始，将每个对象中的属性方法复制到第一个对象中
            return Object.assign.apply(this, arguments)
        }
    } else {
        // 如果没有参数，表示启动应用程序
```

```
            Ickt.ready();
        }
        // 返回 Ickt
        return Ickt
    }
```

2.9   项目启动

"小白，现在我们可以实现 ready 方法了，逐一实例化各个模块，并且将模块实例化对象存储在 instance 对象中，当所有模块实例化之后，发布 ready 消息，让每个模块进入第五个阶段。"小铭对小白说。具体实现程序如下。

```
// 每个模块都要继承基类
Ickt(Ickt, {
    // 需要安装的模块集合，一旦安装完成，该集合被清空
    installModule: [],
    // 模块实例化对象集合
    instances: {},
    // 模块安装完成，开始实例化
    ready: function() {
        // 如果有需要安装的模块
        if (this.installModule && this.installModule.length) {
            // 遍历模块集合，安装模块，安装完成后，清空模块集合
            this.installModule = this.installModule.filter(function(module) {
                // 创建模块
                this.create(module)
                /** filter 是过滤数组的方法,如果没有返回值,则回调函数的执行结果为undefined,
                这样过滤的结果就是一个空数组**/
                // 为了方便访问 this，绑定 this
            }.bind(this))
        }
        // 所有组件安装完成，进入生命周期的第五个阶段
        this.EventCenter.trigger('ickt.ready');
        // 返回 this，方便链式调用
        return this;
    },
    /***
     * 创建一个模块
     * @module        模块名称
     ***/
    create: function(module) {}
})
```

顺利完成 ready 方法，小白开开心心地准备实现创建模块的方法 create。

"等一下，小白，这里的 create 方法不仅给 ready 方法用，后面还可能会在其他地方使用，因此传递的参数不仅有模块的名称，还可能有实例化时传递的参数，你要注意了。"小铭说。

"还有，实例化时传递的参数只能放在数组中，并且在实例化时作为参数传递要用 apply

方法，但是构造函数没办法更改作用域呀！"小白皱紧眉头，问小铭。

"可以借助 create 方法呀！"小铭边说边帮小白实现了 create 方法。

```
Ickt(Ickt, {
    /***
     * 创建一个模块
     * @module        模块名称
     ***/
    create: function(module) {
        // 获取模块实例化时传递的参数
        var arg = this.slice.call(arguments, 1);
        // 实例化模块，并在实例化过程中传递参数
        var instance = new (Function.prototype.bind.apply(Ickt.ModuleClass[module],
        [null].concat(arg)))
        // 在 ECMAScript 6 中，可以通过 Reflect 实现
        // var instance = Reflect.construct(Ickt.ModuleClass[module], args);
        /** 也可以直接通过 bind 绑定作用域，但是用户重写模块的 bind 方法是很危险的，
        所以我们选择前面那种借用函数原型的 bind 方法**/
        // var instance = new (Ickt.ModuleClass[module].bind(Ickt.ModuleClass[module], arg))
        // 安装这个模块
        this.install(module, instance)
        // 返回该实例化对象
        return instance;
    },
    /***
     * 安装模块
     * @modue         模块名称
     * @instance      模块实例化对象
     **/
    install: function(module, instance) {
        // 将模块的实例化对象存储在 this.instance 实例化对象集合的 module（模块名称）分类里，
        // 如果该分类不存在，则创建一个空数组
        var moduleIntances = (this.instances[module.toLowerCase()] = this.instances
        [module.toLowerCase()] || []);
        // 存储该实例化对象
        moduleIntances.push(instance)
        // 模块创建完，进入模块生命周期的第四个阶段
        instance.afterCreated();
    }
})
```

2.10 卸载模块

"大功告成！我们可以写游戏程序了吧？"小白欢喜地说。

"还差一点点，我们只想着创建了，忽略了模块的卸载，这里我帮你实现一个卸载方法吧。"小铭说。实现的 uninstall 方法如下。

```
Ickt(Ickt, {
    /***
     * 卸载模块实例化对象
```

```
 * @module          模块名称
 * @instance        模块实例化对象
 *
 ***/
uninstall: function(module, instance) {
    // 如果该模块存在实例化对象
    if (this.instances[module]) {
        // 找到该模块的实例化对象
        this.instances[module].some(function(obj, index, arr) {
            // 如果找到该模块的实例化对象
            if (obj === instance) {
                // 删除该模块的实例化对象
                var result = arr.splice(index, 1);
                // 执行模块实例化对象的删除方法，进入模块生命周期的第六个阶段
                result.destory();
                // 在模块集合中，一个实例化对象存储一次，因此删除了该模块的实例化对象之后，
                // 就不用再遍历了
                return true;
            }
        })
    }
}
})
```

2.11 消息规范

"可算完成了，我们是不是可以实现游戏项目了？"小白问。

"嗯，快到'双十一'了，咱们运营团队这几天准备弄一个大转盘抽奖活动，刚好我们写完一个框架，现在咱们实现一个吧。"小铭说。

"既然要组件化开发，我们现在是不是要对游戏进行模块组件拆分呀？"小白说。

"是呀，不过这个游戏的开发倒不是很难，所以我们将游戏拆分成两个模块就行了。一个是转盘 UI 视图模块，主要负责绘制视图；另一个是玩家模块，主要负责实现交互。它们彼此独立，玩家要操作转盘绘制视图，这通过发布订阅消息完成。"小铭说。

"收发消息？应该是玩家模块发布消息，UI 模块订阅消息吧？"小白问。

"是呀，不过为了方便消息管理，我们为消息名称添加命名空间，我们先约定一些规范。第一，消息名称通过点分隔成多个部分，每个部分是前一个部分的子空间，每个部分的名称要遵守驼峰式命名（从第二个单词开始，首字母大写，其他字母小写，如 showPlayerMessage）。第二，对于框架内的系统消息，我们用 Ickt 定义命名空间，如 Ickt.ready。第三，框架内部的模块无论是发布消息还是订阅消息，都以该模块名称定义命名空间。例如，Game 游戏模块定义成 Game.start。第四，对于游戏自（用户）定义的模块，消息名称以模块名称为命名空间，例如，如果 UI 绘制模块要展示奖品，我们将消息名称定义为 ui.showPrize。"小铭解释道。

2.12 绘制视图

"好了，我们开始写 UI 视图模块吧。"说着小铭将大转盘设计图发给了小白，如图 2-1 所示。

"嗯，按照我们的思路，我先完成 UI 视图模块，玩家每次抽奖都要绘制视图，因此我想应该注册一条 ui.showPrize 消息，完成玩家与视图模块的通信。转盘要旋转，因此我们要定义每个奖品区间。这些数据通常是不可变的，因此可以作为模块的静态变量存储。当创建模块的时候，我们要将转盘视图绘制出来，视图可由容器元素、转盘、转盘周围装饰的白点和指针组成，我们可以通过绝对定位将它们重叠在一起。在展示奖品的时候，我们可以为转盘添加过渡动画。为了增强体验效果，我们要保证在每次摇奖中，转盘至少转 10 圈，转盘周围的白点要转一圈。"小白说。

▲图 2-1　大转盘

"分析得没错，那就实现它吧。"小铭点头表示肯定。具体实现如下。

```
// 定义 UI 视图模块
Ickt('UI', {
    // 订阅消息
    message: {
        // 订阅展示奖品的消息
        'ui.showPrize': 'showPrize'
    },
    // 为构造函数定义静态属性
    beforeInstall: function() {
        // 定义指针区间偏移度数 (为了避免指针指向边界，造成误解)，首尾的偏移量设置为 10°
        this.OFFSET = 10;
        // 6 个奖品均分 360°
        this.ITEM = 360 / 6;
        // 数组中每个成员代表每个奖品的起始角度 (为了避免指针指向边界，首尾的偏移量设置为 10°)
        this.AREA_START = [
            this.ITEM * 3 + this.OFFSET,        // 特等奖
            this.ITEM * 5 + this.OFFSET,        // 一等奖
            this.ITEM * 1 + this.OFFSET,        // 二等奖
            this.ITEM * 4 + this.OFFSET,        // 三等奖
            this.ITEM * 2 + this.OFFSET,        // 四等奖
            this.ITEM * 0 + this.OFFSET         // 谢谢参与
        ]
        // 创建一个元素，找出当前浏览器支持的前缀
        var element = document.createElement('div');
        // 分割字符串，遍历过渡属性数组，找到元素支持的属性
        this.TRANSFORM = 'transform WebkitTransform MozTransform msTransform OTransform'.
        split(' ').find(function(value) {
```

```
                return element.style[value] !== undefined;
            })
            // 如果没找到支持的属性，说明浏览器版本过低，无法实现转盘动画
            if (!this.TRANSFORM) {
                alert('您的浏览器不支持转盘特效，请更换浏览器')
            }
    },
    // 构造函数
    initialize: function() {
            // 创建转盘容器
            this.createElement('container', document.getElementById('app'))
            // 创建转盘
            this.createElement('table', this.container)
            // 创建转盘周围的白点
            this.createElement('point', this.container)
            // 创建转盘上的箭头
            this.createElement('arrow', this.container)
            // 玩家摇奖次数
            this.times = 0;
    },
    /**
     * 创建元素
     * @key             实例化对象中存储的属性名称
     * @container       DOM 渲染的容器元素
     * @cls             为元素设置的类名
     ***/
    createElement(key, container, cls) {
            // 创建 div 元素
            this[key] = document.createElement('div')
            // 为元素添加类
            this[key].className = cls || key;
            // 将该元素渲染到容器元素中
            container.appendChild(this[key])
    },
    /**
     * 摇奖动画
     * @value       展示的奖品索引值
     ***/
    showPrize: function(value) {
            // 根据奖品索引值计算出箭头最终指向的角度：奖品起始角度 + 奖品区间随机角度(去除首尾 10° 的
            // 偏移量) = 最终角度
            var angle = this.consts('AREA_START')[value] + Math.random() * (this.consts
            ('ITEM') - this.consts('OFFSET') * 2);
            // 玩家摇奖次数加 1
            this.times++;
            // 设置转盘转动的角度，在摇奖过程中，保证每次至少转 10 圈
            this.table.style[this.consts('TRANSFORM')] = 'rotate(' + (360 * 10 * this.
            times - angle) + 'deg)';
            // 设置转盘上的白点的转动角度，保证每次至少转动一圈
            this.point.style[this.consts('TRANSFORM')] = 'rotate(-' + 360 * this.times + 'deg)';
    }
})
```

"等等，还差点样式。"小铭说。于是小白以其熟练的 CSS 技巧，定义了转盘的样式。

```
* {
    margin: 0;
    padding: 0;
}
body {
    background: purple;
}
.container {
    margin: 30px auto;
    position: relative;
}
.container div {
    background-repeat: no-repeat;
    background-position: center;
    position: absolute;
}
.container,
.container div {
    width: 513px;
    height: 513px;
    transition-property: transform;
    transition-duration: 2s;
}
.container .table {
    background-image: url('../img/table.png');
    transition-timing-function: ease-out;
}
.container .point {
    background-image: url('../img/point.png');
    transition-timing-function: ease-in-out;
}
/*移动端不用鼠标，指针不用设置成手形*/
.container .arrow {
    background-image: url('../img/arrow.png');
    width: 134px;
    height: 163px;
    top: 162px;
    left: 187px;
}
```

2.13 加入玩家

　　"万事俱备，只欠东风！"小白看到自己实现的 UI 视图模块运行后没有任何报错消息，兴奋地说道，"就差一个玩家模块组件了。"

　　"这就是组件化开发的好处，"小铭接着说，"模块组件是独立实现的，即插即用，独立安装和使用，通常不受其他模块的影响。虽然这里包含了玩家模块和 UI 视图模块，但是在没有玩家模块的情况下，UI 视图模块仍然可以正常渲染，比如，如果我们想中一等奖，我们可以发布一条测试消息 Ickt.trigger('ui.showPrize', 1)。小白你看，转盘都转动起来了。"小铭说道。

　　"中一等奖呀，我都迫不及待要创建玩家了。"于是小白边说边准备写下玩家模块，"对于玩家来说，首先要在静态变量中定义各个奖项的比重。玩家摇奖的本质是产生一个随机数，因此我们要确定奖项区间并据此来识别出随机数对应的奖项，这些操作要在实例化模块的时候完成。当所有模块加载完成时，我们要对于按钮进行监听。当单击按钮的时候，我们发布摇奖消息，让 UI 视图模块绘制奖项。为了在抽奖过程中不重复单击，我们要监听动画，在此之前锁定发布抽奖消息的行为。最后抽奖的时候，我们要随机产生一个数字，但是 UI 视图模块接收的是奖品索引值，所以我们要在奖品区间中找出该随机数对应的奖品索引值。"实现程序如下。

```javascript
// 定义玩家模块
Ickt('Player', {
    // 模块安装前，定义模块静态变量
    beforeInstall: function() {
        // 定义奖品概率比
        // this.RATE = [1, 5, 20, 50, 100, 10000];
        // 为了方便测试，我们调高各个奖项的比重
        this.RATE = [1, 5, 10, 15, 10, 10];
    },
    // 定义构造函数
    initialize: function() {
        // 根据概率比映射每个奖品的随机中奖区间
        this.createPrizeRate()
        // 判断用户是否单击"开始游戏"按钮，进入游戏
        this.gameStart = false;
    },
    // 所有模块加载完成后，绑定事件
    ready: function() {
        document
            // 获取"开始游戏"按钮
            .querySelector('.arrow')
            // 绑定单击事件
            .addEventListener('click', function() {
                // 如果游戏已经开始，提示用户稍后单击
                if (this.gameStart) {
                    alert('游戏进行中，请稍候！')
                } else {
                    // 游戏开始
                    this.gameStart = true;
                    // 随机产生一个奖品，并发布消息
                    this.trigger('ui.showPrize', this.random())
                }
            // 绑定当前作用域，方便使用模块实例化对象
            }.bind(this))
        document
            // 获取转盘元素
            .querySelector('.table')
            // 监听过渡完成的事件
            .addEventListener('webkitTransitionEnd', function() {
                // 动画结束，游戏完成
                this.gameStart = false;
            }.bind(this))
    },
    createPrizeRate: function() {
```

```
        // 获取奖品概率比
        var rate = this.consts('RATE');
        // Math.random()的结果在[0,1)区间内，因此起始值是 0
        var lastValue = 0;
        // 算出概率比中每一份占的比率，即 1/所有数之和
        var itemRate = 1 / rate.reduce(function(res, value) {
            return res + value;
        })
        // 定义奖品随机区间：每个成员值存储奖品区间的终止值
        this.prizeRate = rate.map(function(value, index) {
            // 在上一个区间的基础上，加上当前奖品值的占比
            return lastValue = value * itemRate + lastValue
        })
    },
    // 随机产生一个奖品
    random: function() {
        // 随机产生一个数
        var num = Math.random();
        // 从头遍历，如果成员值比随机值大，说明选中的是该奖品，并返回该奖品的索引值
        return this.prizeRate.findIndex(function(value) {
            // 比较奖品区间的终止值与随机数
            return value > num;
        })
    }
})
```

2.14 大功告成

玩家模块终于构建出来了，"现在你可以启动应用程序，并抽奖！"小铭说道。

于是小白启动游戏。

```
// 启动整个应用程序
    Ickt()
```

小白单击"开始抽奖"按钮，在转动的圆盘中，箭头指向"三等奖"（见图 2-2），小白很兴奋。

▲图 2-2 开始抽奖

下一章剧透

虽然设计了一个十分有趣的大转盘，但是玩家只能自娱自乐，如何才能让两个玩家或者多个玩家参与进来呢？赶快翻看下一章，看看 HTML5 为我们提供的 Web Socket 技术实践吧。

我问你答

（1）如果要更换或增加转盘中的奖品，应该修改哪些部分的代码呢？

（2）如果两个玩家要进行摇奖比拼，看谁的奖品大，应该如何实现呢？

附件

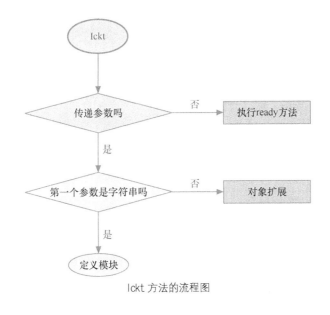

Ickt 方法的流程图

消息模块的组成

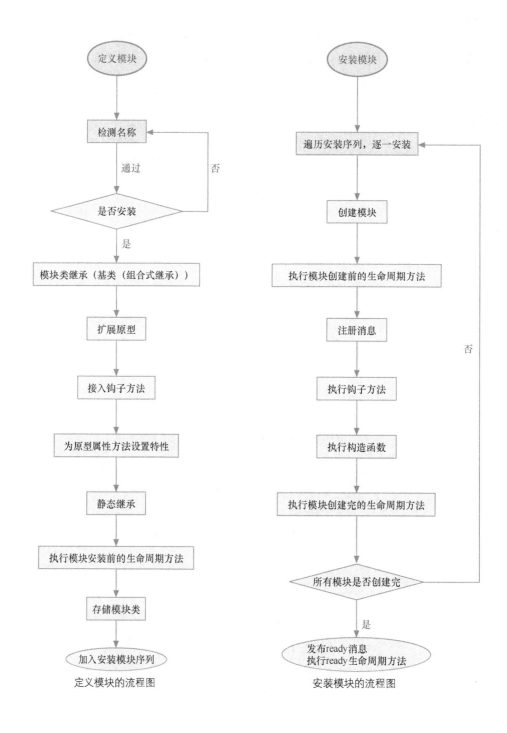

定义模块的流程图　　　　　　　　安装模块的流程图

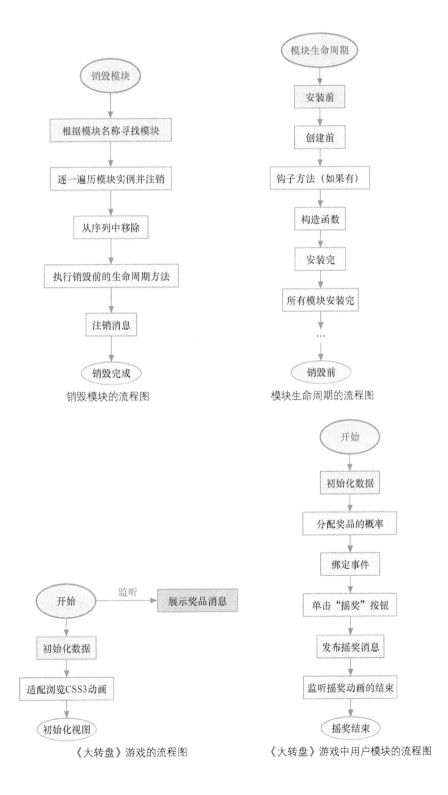

销毁模块的流程图

模块生命周期的流程图

《大转盘》游戏的流程图

《大转盘》游戏中用户模块的流程图

第 3 章 《谁是卧底》与 Socket 服务

游戏综述

风靡一时的《谁是卧底》游戏是一款非常有趣的比拼语言表达能力、想象力与知识面的游戏，是多人聚会时主选的娱乐项目。

游戏玩法

玩家分为法官（出题者）、卧底和平民这 3 类角色。在游戏中，平民抽到同一个词语，卧底拿到同一个词语，卧底和平民都不知道相互的身份，卧底也不知道自己是卧底。

在游戏过程中，每轮玩家（法官除外）都要描述自己抽到的词语，描述的信息既不要让卧底察觉到自己的身份，也要给同伴以暗示。

　　每轮描述完毕，玩家（法官除外）要投票选出怀疑的卧底人选，得票最多的人出局。若所有的卧底都出局，则游戏结束，平民胜利；若卧底未出局，则游戏继续。在继续的过程中，如果有玩家得票相同，则这几位玩家再次进行描述，并从几位得票相同的玩家中选出一位参与游戏，另一位出局。

　　如果卧底撑到最后一轮（由法官判定，场上有两位卧底和一位平民或者一位平民和一位卧底），则卧底获胜；反之，平民获胜。

项目部署

　　css：游戏样式文件夹。

　　reset.css：reset 样式文件。

　　style.css：游戏样式文件。

　　js：游戏模块文件夹。

　　player.js：用户模块。

　　socket.js：Socket 协议模块。

　　ui.js：视图 UI 模块。

　　lib：前端库文件夹。

　　ickt.js：Ickt 核心库文件。

　　server：服务器端所有脚本文件。

　　lib：库文件夹。

　　httpServer.js：HTTP 服务器模块。

　　socketServer.js：Socket 服务器模块。

　　modules：项目文件夹。

　　app.js：项目模块。

　　game.js：游戏通信模块。

　　index.html：项目入口文件。

　　server.js：服务器入口文件。

入口文件

```
<!DOCTYPE html>
<html lang="en">
<head>
    <meta charset="UTF-8">
    <meta name="viewport" content="initial-scale=1,maximum-scale=1,minimum-scale=1,
user-scalable=no,width=device-width">
    <link rel="stylesheet" type="text/css" href="css/reset.css">
    <link rel="stylesheet" type="text/css" href="css/style.css">
    <title>谁是卧底</title>
</head>
<body>
    <div id="app"></div>
<script type="text/javascript" src="lib/ickt.js"></script>
<script type="text/javascript" src="js/player.js"></script>
<script type="text/javascript" src="js/socket.js"></script>
<script type="text/javascript" src="js/ui.js"></script>
<!-- Socket 协议通信文件, 后文将详细介绍 -->
<script type="text/javascript" src="socket.io/socket.io.js"></script>
<script type="text/javascript">
    Ickt()
</script>
</body>
</html>
```

3.1 公司活动

"小白，经理说为了增强团队凝聚力，希望我们设计一款多人游戏，我想了想，前一阵子《谁是卧底》游戏非常不错，我们实现它吧。"小铭说。

"多人游戏？那岂不是要实现多人交互吗？"小白问。

"是呀，所以为了实现多人参与的游戏交互，我们要引入 Socket 协议。"小铭答道。

3.2 "国王"的诞生

"为了实现多人参与的游戏交互，我们是不是要搭建一个服务器？"小白问。

"是呀，服务器端要与所有用户通信，它就像是一位'国王'，与各个请求'子民'发生交互。我们可以用 Node 搭建一个服务器，并且通过它启动 Socket 服务是很容易的。甚至我们可以随时启动服务器，用户'子民'也可以随时访问服务器，这是很方便的。"小铭接着说，"Node 服务器端不同于浏览器端，不用考虑每一位用户的设备中安装的浏览器的类型与版本，我们所使用的技术只要是 Node 支持的就可以，因此我们可以放心使用 Node 支持的新语法，如 ECMAScript 6……"

说着，小铭以其娴熟的代码构建能力，搭建了一个服务器。在服务器文件类中，要能够根据静态文件请求寻找到相应的静态文件，提供启动服务器的 start 方法，保证能够启动服务器，最终能暴露启动服务的接口。于是小铭在 httpServer 文件中定义了 HttpServer 类，并实现这些功能。服务器是可以在每个游戏中共用的，因此这个类可以放在 lib 目录下。

写程序之前，小铭整理了一下项目的目录结构，具体如下所示。

```
server: 服务器端所有脚本文件
lib: 库文件夹
httpServer.js: HTTP 服务器模块
socketServer.js       : Socket 服务器模块
modules: 项目文件夹
app.js: 项目模块
game.js: 游戏通信模块
/server.js: 服务器端启动文件
/index.html: 浏览器端入口文件（项目首页）
```

/server/lib/httpServer.js 文件如下所示。

```
/** 注: 在撰写本书时，Node 尚未支持 ECMAScript Module 规范，因此还不能使用 import、export 关键字引
入模块、暴露接口，所以只能使用 require 和 module 等，基于 CommonJS 规范引入模块、暴露接口**/
// import { parse } from "url"语句导入的模块遵守 ECMAScript Module 规范。在未来的某个版本中将被 Node 支持
var url = require('url');              // 导入 url 内置模块
var http = require('http');           // 导入 http 内置模块
var fs = require('fs');               // 导入 fs 内置模块
var path = require('path');           // 导入 path 内置模块

// 定义 http 服务器类
class HttpServer {
    // 构造函数存储的端口号
    constructor(port) {
        // 定义 HTTP 服务器
        this.server = null;
        // 定义默认端口号
        this.port = port || HttpServer.PORT;
        // 启动 HTTP 服务器
        this.init();
    }
    // 启动 HTTP 服务器
    init() {
        // 创建一个 HTTP 服务器，实现简单的请求路由，回调函数有两个参数——请求对象和响应对象
        this.server = http.createServer((request, response) => {
            // 用 url 模块解析请求地址，获取路径名称并转码
            let pathname = decodeURIComponent(url.parse(request.url).pathname);
            // 通过 path 模块，拼接根路径，获取请求绝对地址
            let realPath = path.join(HttpServer.ROOT, pathname);
            // 获取扩展名
            let ext = path.extname(realPath);
            // 如果扩展名不存在
            if (!ext) {
                // 设置默认文件
                realPath = path.join(realPath, '/' + HttpServer.INDEX);
                // 设置默认文件扩展名
                ext = '.html'
```

```
                    }
                    // 通过 fs 模块判断该文件是否存在
                    fs.exists(realPath, function(exists) {
                        // 如果存在
                        if (exists) {
                            // 用二进制形式读取文件
                            fs.readFile(realPath, 'binary', (err, file) => {
                                // 在读取文件时没有错误
                                if (!err) {
                                    // 返回 200 请求状态码，并根据文件扩展名设置文件类型，
                                    // 默认类型是文本类型
                                    response.writeHead(200, {
                                        'Content-Type': HttpServer.MINE_TYPES[ext.
                                        slice(1)] || 'text/plain'
                                    });
                                    // 返回文件内容
                                    response.write(file, 'binary');
                                    // 响应结束
                                    response.end();
                                // 在读取文件时出现错误
                                } else {
                                    // 返回 500 状态码，服务器错误
                                    response.writeHead(500, {
                                        'Content-Type': 'text/plain'
                                    });
                                    // 返回错误详细信息
                                    response.write('ERROR, the reason of error is ' +
                                    err.code + '; Error number is ' + err.errno + '.');
                                    // 响应结束
                                    response.end();
                                }
                            })
                        // 如果文件不存在
                        } else {
                            // 返回 404 状态码：无法找到文件
                            response.writeHead(404, {
                                'Content-Type': 'text/plain'
                            });
                            // 提示用户请求地址错误
                            response.write('This request URL ' + pathname + ' was not
                            found on this server.');
                            // 响应结束
                            response.end();
                        }
                    });

                });
    }
    // 设置端口号，启动服务器
    start() {
        // 设置端口号
        this.server.listen(this.port);
        // 提示用户当前服务器端口号
        console.log("server running at port " + this.port);
        // 返回当前实例化对象
```

```
            return this;
        }
    }
}
// 不同文件扩展名对应的文件类型
HttpServer.MINE_TYPES = {
    'html':      'text/html',
    'css':       'text/css',
    'js':        'text/javascript',
    'json':      'application/json',
    'png':       'image/png',
    'gif':       'image/gif',
    'ico':       'image/x-icon',
    'jpg':       'image/jpeg',
    'jpeg':      'image/jpeg'
};
// 定义默认端口号
HttpServer.PORT = 3000;
// 获取当前服务器所在根目录的绝对地址
HttpServer.ROOT = process.cwd();
// 默认入口文件是 html 文件
HttpServer.INDEX = 'index.html';
// 将 HTTP 服务器类作为接口暴露
module.exports = HttpServer;
```

为了测试自己写的模块是否有问题，小铭在 server.js 入口文件中导入 HttpServer 模块类，并实例化。此文件的实现如下。

```
server.js 文件
// 导入 HTTP 服务器类
var HttpServer = require('./server/lib/httpServer.js');
// 实例化并启动 HTTP 服务器
new HttpServer().start()
```

小铭在控制台中切换到该项目文件夹，通过 node server.js 指令执行 server.js 文件（见图 3-1），并启动 HTTP 服务器。打开浏览器，输入 http://localhost:3000/，运行程序后，顺利返回请求的页面，如图 3-2 所示。

```
[bogon:03 谁是卧底  yyqh$ node server.js
server running at port 3000
```

▲图 3-1　启动 HTTP 服务器

▲图 3-2　测试 HTTP 服务器

3.3　与服务器交互

"小铭，既然 HTTP 服务器建立起来了，我们是不是可以让用户与服务器交互了？"小白问。

"稍等，服务器是'国王'，每位用户被看成'子民'，若所有'子民'都直接与'国王'交互，那么'国王'太忙了。'国王'也很'懒'，也不愿意每件事情都亲自通知用户，所以他会找位更称职的'传令官'帮他做这些小事。这里的'传令官'正是 Socket，所以我们可以基于 Socket 管理用户与服务器端的交互，甚至在'国王'允许的情况下，通过'传令官'Socket，'子民'之间可以直接通信。但是需要注意的是，Node 并没有内置的 Socket 模块，所以我们要安装一个 socket.io 模块。"小铭说。

小铭在控制台中输入 npm install socket.io 指令（见图 3-3），顺利安装 socket.io 模块。在 socketServer.js 文件中写了几行代码，创建了 HTTP 服务器实例，并启动它。最后引入了 Socket 协议并将结果作为接口暴露出来。

```
bogon:~ yyqh$ npm install socket.io
```

▲图 3-3　安装 socket.io 模块

```
/server/lib/socketServer.js 文件
let HttpServer = require('./httpServer.js');        // 获取 HTTP 服务器类
let socket = require('socket.io');          // 获取 socket.io 模块，注意，该模块需要安装
// 实例化 HTTP 服务器
let server = new HttpServer()
// 启动服务器
server.start();
// 添加 Socket 协议，并将结果暴露在接口中
module.exports = socket(server.server)
```

于是在 server.js 中，删除原来的测试代码，并导入 socketServer.js。

```
require('./server/lib/socketServer.js');
```

通过 node server.js 指令，启动 Socket 服务器。在 index.html 文件中，导入 socket.io/socket.io.js 文件，打开浏览器，导入程序并刷新页面，可以发现 socket.io.js 文件顺利地加载（见图 3-4）。

```
<script type="text/javascript" src="socket.io/socket.io.js"></script>
```

▲图 3-4　加载 socket.io.js

3.4 搭建城堡

"小铭，你说说服务器端游戏类应该包含哪些内容？"小白问。

"如果国家太大了，国王（服务器）肯定管理不过来，因此要创建一个个房间，就像一座座城堡（当然，一个国家会有很多城堡），城堡的主人（官员）管理进入城堡的人，对于城堡外面的人，他无须顾及。"小铭接着举例说，"所以，要定义城堡的主人，以及进入城堡的访客（玩家）。城堡的主人有最高话语权，控制着游戏的开始与结束，游戏开始后，每位进入城堡的人都是游戏的参与者。当然，建城堡要有材料，而每个城堡所用的材料都是一样的，这里的材料在程序中应该用静态变量存储。"

/server/modules/game.js

温馨提示

在写作本书时，ECMAScript 6 规范中不能定义静态属性和实例属性（由构造函数外部的赋值语句定义），只能定义静态方法，但是定义静态属性和实例属性在 ECMAScript 7 草案中已经提出（TypeScript 语言规范中已经实现）。遗憾的是，当前 Node 版本并不支持，我们可以通过 Babel 编译引擎将其编译成 ECMAScript 5 规范支持的形式。为了方便读者测试，我们将以 ECMAScript 6 支持的语法，定义静态属性。

```
静态属性（不支持）          static  color = 'red';
实例属性（不支持）          num = 100;
静态方法（支持）            static message() {}
静态属性可以通过 get 特性方法实现，如 static get title() { return '爱创课堂'; }，或者直接在类的外面，通过点语法定义，如 Game.title = '爱创课堂';
// 定义游戏类
class Game {
    // 构造函数
    constructor(owner, ownerName) {
        // 存储房主（即游戏中的法官角色）
        this.owner = owner;
        // 存储房主昵称
        this.ownerName = ownerName
```

```
            // 判断游戏是否启动
            this.start = false;
            // 游戏参与者容器，用于存储玩家
            this.visitor = [];
            // 本次游戏的卡牌，每个房间（城堡）都会随机出现一张卡牌
            this.card = Game.cards[Math.random() * Game.cards.length >> 0]
        }
        /**
         * 根据参数随机生成一个整数
         * @num         整数
         * return         介于 0 到 num 的一个整数
         ***/
        random(num) {
            // 随机生成一个 0~1 的数，乘以 num，生成的数介于 0 和 num，然后右移并取整
            return Math.random() * num >> 0;
        }
}
// 定义游戏卡牌
Game.cards = [
    ['姐夫', '姨夫'],
    ['牡丹', '荷花'],
    ['珍珠', '钻石'],
    ['玻璃门', '落地窗'],
    ['锄禾', '种田'],
    ['小笼包', '生煎包'],
    ['乌鸦', '麻雀'],
    ['可爱', '萝莉'],
];
// 定义卧底出现的频率，可调节，假定 4 个人中有一位卧底
Game.rateNum = 3;
// 定义房间号起始 ID
Game.roomID = 1000;
// 定义房间容器
Game.rooms = {};
// 将游戏类暴露在接口中
module.exports = Game;
```

当我们创建一个城堡（房间）的时候，为了能够保证游戏的顺利进行，要根据当前城堡内的人数，判断谁是平民，谁是卧底，以及有几位平民，有几位卧底。为了保证卧底是随机出现的，我们可以定义一个智能的筛选方法 createUndercoverArray 来确定平民和卧底。实现程序如下。

```
class Game {
    // ……
    // 游戏开始，将房间序列化
    initialize() {
        // 获取玩家数量
        let playerLength = this.visitor.length;
        // 根据玩家数量计算出卧底数量
        this.undercoverLength = Math.round(playerLength / Game.rateNum);
        // 根据玩家数量、卧底数量创建一个由卧底角色的玩家索引值构成的数组
        this.createUndercoverArray(playerLength, this.undercoverLength)
            // 通过卧底角色的玩家索引值，在玩家容器中找到对应的成员，并将类型设置成 1，表示卧底
            .forEach(value => this.visitor[value].type = 1)
```

```
    }
    /**
     * 根据玩家数量以及卧底数量，创建一个去重的卧底数组
     * @pl        玩家数量
     * @ucl       卧底数量
     * return     去重的卧底数组
     ***/
    createUndercoverArray(pl, ucl) {
        // 定义返回的数组
        let result = [];
        // 循环每一个卧底，并设置索引值
        while (ucl--) {
            // 定义值
            let value;
            // 循环去重
            do {
                // 根据玩家数量，随机生成一个索引值
                value = this.random(pl)
            // 如果新创建的索引值在数组中，继续执行循环，直到找到一个不存在的索引值。如果索引值
            // 存在，则索引值大于或者等于 0，按位取反之后不等于 0，为真；否则，为假
            } while (~result.indexOf(value))
            // 存储该索引值
            result.push(value);
        }
        // 返回结果
        return result;
    }
    // ……
}
```

3.5 "国王"有点忙

"小白你说说，《谁是卧底》这个游戏的关键是什么？"小铭问。

"《谁是卧底》是一个多人交互的游戏，它的关键应该是后端如何与这么多的用户通信交互？"小白答道。

"非常正确，虽然'国王'（服务器端）可以通过他的'传令官'（Socket）向他的'子民'（用户）传递消息，但是'子民'越来越多，'传令官'管理工作的成本就越来越高，所以对于'传令官'来说，他要有一套合理的管理规范。为了处理用户通信问题，我们要单独创建一个 App 模块。"小铭说道。

"这个模块就是用来订阅事件的吧？"小白问。

"的确，但是我们还要好好设计一下。为了增强模块的可读性，我们可以将所有的消息（事件）名称存储在 message 静态属性中，这样当实例化的时候，遍历这些属性，然后逐一订阅，并将订阅的消息回调函数绑定到类。"小铭接着说，"为了针对每一个城堡（房间）独立收发消息，我们存储 socketServer 模块和 game 模块，并且注册 createRoom（创建房间）、enterRoom

（进入房间）、gameStart（开始游戏）消息。"

温馨提示

在写本书时，Node 尚不支持 ECMAScript Module 规范，但是我们可以通过 Babel 编译引擎将 ECMAScript Module 规范编译成 commonjs 规范。出于简化开发的目的，我们选择用 commonjs 模块化开发规范，例如，在 ECMAScript Module 规范中导入模块的语句 import * as io from "socketServer.js"要改成 let io = require('../lib/socketServer.js')。

```
/server/modules/app.js
let io = require('../lib/socketServer.js');      // 导入 IO 接口
let Game = require('./game.js');         // 导入游戏类

class App {
    // 存储要订阅的消息名称
    static get message() {
        // 需要注册的 socket 消息序列
        return ['createRoom', 'enterRoom', 'gameStart']
    }
    constructor() {
        // 存储 socket 对象
        this.io = io;
        // 存储游戏类
        this.Game = Game;
        // socket 用于监听玩家连接成功的消息
        this.io.on('connection', guest => {
            // 遍历消息，逐一注册
            App.message.forEach(name => {
                // 注册消息，为了在回调方法中访问注册消息的用户，我们将作为参数传递用户
                guest.on(name, this[name].bind(this, guest))
            })
        })
    }
}
// 暴露接口
module.exports = App;
```

接下来我们要依次实现这 3 条消息。对于 CreateRoom 消息来说，创建房间就要实例化这个房间，并且存储这个房间，最终将房间的 ID 通知给用户。实现程序如下。

```
// 订阅玩家创建房间的消息：username（用户名）
createRoom(guest, username) {
    // 对该用户返回房间 ID
    guest.emit('showRoomNum', this.Game.roomID);
    // 该用户为房主，即游戏中的法官，有权获知所有玩家的信息
    // 在房间容器对象中，存储该房间
    this.Game.rooms[this.Game.roomID++] = new this.Game(guest, username);
}
```

对于 enterRoom 消息，我们要获取用户要进入的房间的 ID，并且判断这个房间是否存在，以及这个房间是否开始了游戏。一切都没有问题之后，将该用户加入到房间内，并且向该用户

发送用户 ID、房间 ID 等相关信息。最终要向所有的其他用户告知，我们的房间里加入了新用户。实现程序如下。

```
// 订阅玩家进入房间的消息——data（用户信息数据）、username（用户名）和 ID（房间号）
enterRoom(guest, data) {
    // 根据根据房间 ID 获取房间
    let room = this.Game.rooms[data.id]
    // 如果房间不存在
    if (!room) {
        // 通知该用户，房间不存在
        guest.emit('errorMessage', {
            errno: 1,
            msg: '该房间不存在！'
        })
    // 如果该房间的游戏已经开始
    } else if (room.start) {
        // 通知该用户稍后加入
        guest.emit('errorMessage', {
            errno: 2,
            msg: '该游戏已经开始，请稍后加入！'
        })
    // 房间存在
    } else {
        // 将玩家推入该房间的访客中
        room.visitor.push({
            type: 0, // 玩家类型：0 表示平民，1 表示卧底，默认为平民，游戏开始后将一部分平民转换
            // 成卧底
            username: data.username,    // 用户名
            player: guest        // 用户对象
        })
        // 显示该玩家进入的房间号，以及该玩家在访客中的索引值（访客楼层位置），注意，人是从
        // 1 开始计数的
        guest.emit('showCurrentPlayer', {
            // 玩家索引值，人是从 1 开始计数的
            playerID: room.visitor.length,
            // 房间 ID
            roomID: data.id
        })
        let enterRoomVisitorData = room.visitor.map((obj, index) => {
            // 在返回的数据中，过滤掉每一位访客的 guest 原始数据信息
            return {
                // 人是从 1 开始计数的
                playerID: index + 1,
                // 玩家用户名
                username: obj.username
            }
        })
        // 遍历房间中的每一位访客
        room.visitor.forEach(visitor => {
            // 显示新加入的玩家信息
            visitor.player.emit('showAllPlayer', enterRoomVisitorData)
        })
        // 通知房主新玩家加入房间
        room.owner.emit('showAllPlayer', enterRoomVisitorData)
    }
}
```

对于 gameStart 消息来说，要根据传递的房间 ID 获取房间。如果房间不存在，就不能开始游戏；如果房间人数不够，也不能开始游戏。一切条件都满足，开始房间内的游戏，初始化数据，让每位用户抽取词语，并逐一告诉每位用户其抽取的词语，最后将所有的信息告知房主。实现程序如下。

```
// 订阅游戏开始的消息：data（用户数据），data.id（房间号）
gameStart(guest, data) {
    // 根据房间号获取房间
    let room = this.Game.rooms[data.id];
    // 如果房间不存在
    if (!room) {
        // 通知用户开始游戏的房间不存在
        guest.emit('errorMessage', {
            errno: 1,
            msg: '该房间不存在！'
        })
    // 如果房间访客人数不足以开始游戏
    } else if (room.visitor.length < this.Game.rateNum) {
        // 通知该用户，人数不够，无法开始游戏
        guest.emit('errorMessage', {
            errno: 3,
            msg: '玩家少于 4 人，请稍等片刻！'
        })
    // 否则，开始游戏
    } else {
        // 关闭该房间的门,避免其他访客进入
        room.start = true;
        // 根据当前房间信息,初始化游戏
        room.initialize();
        // 通知每一位玩家,展示自己抽取的词语
        room.visitor.forEach(obj => obj.player.emit('showRoles', room.card[obj.type]))
        // 通知房主,显示游戏相关信息
        guest.emit('showRoomDetail', {
            // 访客要过滤掉 guest 原始数据
            visitor: room.visitor.map(obj => {
                // 过滤掉 player 数据
                return {
                    value: room.card[obj.type],    // 词语
                    username: obj.username,         // 用户名
                    type: obj.type                  // 角色类型
                }
            }),
            undercover: room.undercoverLength,      // 卧底人数
            trueValue: room.card[0],                // 平民抽取的词语
            falseValue: room.card[1]                // 卧底抽取的词语
        })
    }
}
```

最后在服务器端启动文件 server.js 中，导入 App 模块，并启动。实现程序如下。

```
/server.js
// 以当前文件所在的目录为根目录，启动整个项目
```

```
var App = require('./server/modules/app.js')
new App();
```

为了保证服务器正常运行，小铭创建了 test.html 页面，并写下了测试 showRoomNum 和 createRoom 消息的代码。

```html
<!DOCTYPE html>
<html lang="en">
<head>
    <meta charset="UTF-8">
    <title>测试 socket.io</title>
</head>
<body>
    欢迎使用 socket.io
    <button>按钮</button>
    <h3 id="app"></h3>
    <script type="text/javascript" src="/socket.io/socket.io.js"></script>
    <script type="text/javascript">
        // 获取 socket 对象
        var socket = io();
        // 订阅服务器端发布的展示房间号的消息
        socket.on('showRoomNum', function(data) {
            // 显示数据
            app.innerHTML = data;
        }))
        // 获取按钮，并绑定 click 事件
        document.querySelector('button').onclick = function() {
            // 发布创建房间的消息
            socket.emit('createRoom', '雨夜清荷')
        }
    </script>
</body>
</html>
```

于是小铭打开了浏览器，在地址栏中输入 http://localhost:3000/test.html，单击页面中的"按钮"，向服务器端发布创建房间的消息，之后看到了服务器端返回的房间号，如图 3-5 所示。

▲图 3-5　返回的房间号

"大功告成，服务器端一切准备就绪。"小铭兴奋地说道。

3.6 创建 "子民"

"现在咱们已经创建了服务器'国王',但是对于每一位用户'子民'来说,它是不透明的,你想想哪个国家可以让他的'子民'天天进'王宫',所以,我们要为'子民'创建他们的家(浏览器端用户界面)。"小铭接着说,"上一次咱们已经封装了 Ickt 框架,你就尝试使用这个框架实现《谁是卧底》游戏的前端交互界面吧。"

"好!"小白答道。于是在 HTML 页面中导入了 lib 目录下的 ickt.js 文件。

```
<script type="text/javascript" src="lib/ickt.js"></script>
```

"先别着急写程序,小白。"小铭插了一句,"咱们游戏的业务逻辑采用模块化开发,以后的视图还要实现组件化开发,那么你想好要分几个模块了吗?"

"你不说,我还真把这件事情忘记了,这个游戏中最重要的是与服务器端交互,因此要有 Socket 通信模块。我们还要绘制用户视图,因此也需要一个 UI 绘图模块。最后剩下的就是用户交互了,所以还需要一个用户模块。"小白说。

"不错,思路没问题,接下来就进入你的开发流程吧。"小铭说。

于是小白在首先 js 目录下创建 3 个文件——ui.js、player.js、socket.js。然后,在 ui.js 文件中定义了 ui 模块,打开了设计师提供的设计图(见图 3-6、图 3-7、图 3-8、图 3-9、图 3-10 和图 3-11),并根据设计图的效果,绘制出界面的轮廓。

▲图 3-6　用户初始化界面

▲图 3-7　游戏开始后的玩家界面

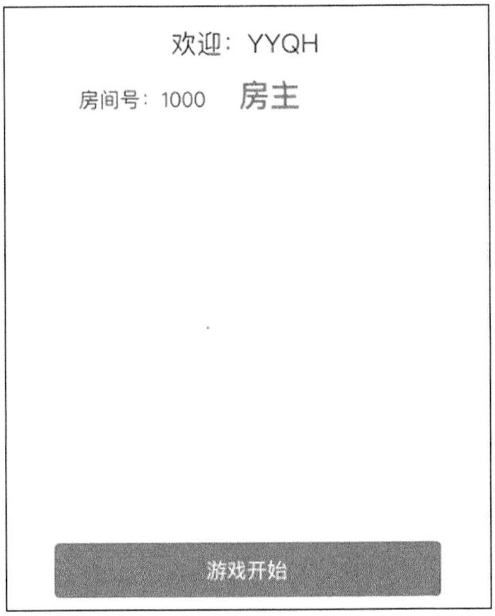

▲图 3-8　房主创建房间后的界面

▲图 3-9　游戏开始后的房主界面

▲图 3-10　玩家进入房间后，向房主展示的界面

▲图 3-11　玩家进入房间后，向玩家展示的界面

看完视图初始化界面，小白心想："所有用户都是从同一个网址进入的，所以不论房主还是玩家都应该看到同一个页面，只是显示的信息不同。于是界面整体结构应该是这样的：首先在顶部要绘制标题并显示玩家信息，然后"进入房间"按钮和"创建房间"按钮，接下来展示房间号和房间成员信息，最后创建"游戏开始"按钮。"

为了方便创建视图，小白在 UI 模块中封装了 createElement 方法，用来创建页面元素。实现程序如下。

```
// 定义 UI，绘制视图模块
Ickt('UI', {
    // 注册消息
    message: {},
    // 构造函数
    initialize: function() {
        // 初始化视图
```

```
                this.initView();
        },
        /**
        * 创建元素
         * @key            存储引用元素的字段
         * @container      渲染元素的容器元素
         * @cls            设置元素的类
         * @content        设置元素的内容
         ***/
        createElement(key, container, cls, content) {
            // 创建元素
            this[key] = document.createElement('div')
            // 设置元素的类
            this[key].className = cls || key;
            // 设置元素的内容
            this[key].innerHTML = content || '';
            // 存储元素类型
            this[key].setAttribute('data-type', key)
            // 渲染元素
            container.appendChild(this[key])
        },
        // 初始化视图
        initView: function() {
            // 获取容器元素
            this.container = document.getElementById('app')
            // 创建显示用户名的容器
            this.createElement('username', this.container);
            // 渲染"进入房间"按钮
            this.createElement('enterRoom', this.container, 'enter-room btn', '进入房间');
            // 渲染"创建房间"按钮
            this.createElement('createRoom', this.container, 'create-room btn', '创建房间');
            // 创建显示房间号的容器
            this.createElement('roomNumber', this.container, 'room-number');
            // 创建显示词汇的容器
            this.createElement('stage', this.container, 'stage');
            // 创建"游戏开始"按钮
            this.createElement('gameStart', this.container, 'game-start btn', '游戏开始');
        }
    })
```

3.7 扩展消息

为了显示用户名，小白订阅了 showUsername 消息。为了方便管理，将该 UI 模块的消息放在了 ui 命名空间下（ui.showUsername）。

```
message: {
    // 其他消息略
    'ui.showUsername': 'showUsername',              // 显示用户名
}
/**
 * 显示用户名
 * @username        用户名
 ***/
```

```
showUsername: function(username) {
    // 渲染用户名
    this.username.innerHTML = '欢迎: ' + username
},
```

为了显示房间号，小白订阅了 ui.showRoomID 消息。

```
message: {
    // 其他消息略
    'ui.showRoomID': 'showRoomID',                    // 显示房间号
}
/**
 * 房间号
 * @id        房间号
 ***/
showRoomID: function(id) {
    // 显示房间号
    this.roomNumber.innerHTML = '房间号: ' + id + ' <i>房主</i>';
},
```

为了显示玩家视图（玩家进入房间或者创建房间后的视图），小白订阅了 ui. showPlayerView 消息。在该消息的回调函数中，隐藏了"创建房间"和"隐藏房间"按钮，并且如果是房主，要显示"开始游戏"按钮。

```
message: {
    // 其他消息略
    'ui.showPlayerView': 'showPlayerView',            // 显示玩家视图
}
/**
 * 展示用户视图
 * @showStarBtn        是否显示开始游戏按钮,只有房主有权开始游戏
 ***/
showPlayerView: function(showStarBtn) {
    // 隐藏房间
    this.enterRoom.style.display = 'none'
    // 创建房间
    this.createRoom.style.display = 'none'
    // 是否显示"游戏开始"按钮
    showStarBtn && (this.gameStart.style.display = 'block')
},
```

为了显示玩家加入的状态，小白订阅了 ui.showPlayerState 消息。

```
message: {
    // 其他消息略
    'ui.showPlayerState': 'showPlayerState',       // 显示玩家加入的状态
}
/**
 * 显示玩家加入的状态
 * @data              用户信息
 * .roomID            房间号
 * .playerID          玩家索引值
 ***/
showPlayerState: function(data) {
```

```
        // 显示房间号以及用户 ID
        this.roomNumber.innerHTML = '房间号: ' + data.roomID + ' 第<i>' + data.playerID +
            '</i>位玩家';
        // 等待其他玩家加入
        this.stage.innerHTML = '等待其他玩家加入...'
    },
```

为了显示所有玩家，小白订阅了 ui.showAllPlayer 消息。

```
message: {
    // 其他消息略
    'ui.showAllPlayer': 'showAllPlayer',            // 显示所有玩家
}
/**
 * 显示所有玩家
 * @arr        所有玩家数组
 ***/
showAllPlayer: function(arr) {
    // 如果有玩家
    if (arr.length) {
        // 定义渲染字符串
        var html = '';
        // 遍历玩家，拼接渲染字符串
        arr.forEach(function(obj) {
            // 拼接渲染字符串
            html += '第<i>' + obj.playerID + '</i>位玩家 <b>' + obj.username +
                '</b> 加入游戏... <br />'
        })
        // 渲染玩家
        this.stage.innerHTML = html;
    }
},
```

为了显示所有玩家抽取的词语，小白订阅了 ui.showPlayerRoles 消息。

```
message: {
    // 其他消息略
    'ui.showPlayerRoles': 'showPlayerRoles',        // 显示玩家抽取的词语
}
/**
 * 显示玩家抽取的词语
 * @val        玩家抽取的词语
 ***/
showPlayerRoles: function(val) {
    // 显示玩家抽取的词语
    this.stage.innerHTML = '<strong>' + val + '</strong>';
},
```

为了显示房间详情，小白订阅了 ui.showRoomDetail 消息。

```
message: {
    // 其他消息略
    'ui.showRoomDetail': 'showRoomDetail'           // 显示游戏房间详情
}
```

```
/**
 * 显示房间详情
 * @data        房间详情数据
 ***/
showRoomDetail: function(data) {
    // 定义渲染字符串
    var html = '';
    // 显示平民词汇
    html += '平民词汇: <i>' + data.trueValue + '</i><br />';
    // 显示卧底词汇
    html += '卧底词汇: <i>' + data.falseValue + '</i><br />';
    // 显示卧底数量
    html += '共有<i>' + data.undercover + '</i>名卧底<br />';
    // 遍历玩家
    data.visitor.forEach(function(obj, index) {
        // 拼接玩家信息: 玩家索引值、玩家名称、玩家角色、玩家词汇
        html += '第 <i>' + (index + 1) + '</i> 位玩家 <b>' + obj.username +'</b>
是 <i>' + (obj.type ? '卧底' : '平民') + '</i> : <b>' + obj.value + '</b><br/>'
    })
    // 渲染房间详情
    this.stage.innerHTML = html;
    // 此时房主页面要隐藏"游戏开始"按钮
    this.gameStart.style.display = 'none'
}
```

3.8 添加样式

创建 UI 视图绘制模块之后，小白准备添加绚丽的样式。刚要添加，小白心想："JavaScript脚本可以抽象逻辑复用功能，样式可不可以呢？"思虑片刻，小白认为，为了让页面在各个浏览器上展示的效果是一样的，要设置一些 reset 样式（重置浏览器默认样式）。以后每个项目中都要添加这些样式，因此首先把这些样式封装起来，放在 reset.css 中，然后单独创建一个文件开发该游戏的样式。于是小白在 css 文件夹下创建了如下两个文件。

- css/reset.css，表示网页重置样式。

- css/style.css，表示游戏主题样式。

在 reset.css 文件中，小白写下了一些简陋的重置样式。

```
* {
    margin: 0;
    padding: 0;
    list-style: none;
}
```

在 style.css 文件中，小白写下了游戏的主题样式。

```
/*按钮*/
.btn {
    font-size: 16px;
```

```css
        height: 40px;
        line-height: 40px;
        text-align: center;
        border-radius: 4px;
        margin: 20px auto;
        width: 80%;
            color: #fff;
            border: 1px solid transparent;
}
/*"进入房间"按钮*/
.enter-room {
        background-color: #5cb85c;
            border-color: #4cae4c;
}
/*"创建房间"按钮*/
.create-room {
        background-color: #5bc0de;
                border-color: #46b8da;
}
/*"游戏开始"按钮*/
.game-start {
        background-color: #d9534f;
        border-color: #d43f3a;
        display: none;
}
/*房间号*/
.room-number {
        height: 40px;
        line-height: 40px;
        width: 80%;
        margin: 0 auto;
        text-indent: 20px;
        white-space: pre;
}
/*房间号中的数字*/
.room-number i {
        color: #f30;
        font-size: 24px;
        font-weight: bold;
        font-style: normal;
        margin: 0 5px;
}
/*房间信息展示*/
.stage {
        width: 80%;
        min-height: 300px;
        margin: 0 auto;
        line-height: 28px;
        font-size: 14px;
        color: #666;
}
/*房主页面中的玩家索引值以及玩家身份*/
.stage i {
        font-size: 18px;
```

```
        color: #f30;
        font-style: normal;
}
/*房主界面中的玩家昵称以及玩家词语*/
.stage b {
        font-size: 16px;
        color: #337ab7;
}
/*玩家界面中抽取的词语*/
.stage strong {
        color: #d9534f;
        font-size: 40px;
        line-height: 100px;
        display: block;
        text-align: center;
}
/*用户名*/
.username {
        height: 40px;
        line-height: 40px;
        margin: 10px auto 0;
        font-size: 20px;
        text-align: center;
}
```

程序完成后，小白运行程序并打开游戏界面，绚丽的界面展示出来了，如图 3-12 所示。

▲图 3-12　小白看到的游戏界面

玩家模块

UI 视图绘制模块开发完了，小白舒了一口气。接下来，小白开始开发用户模块，还是老样子，在开发前先想一想，用户都有哪些交互。

"在页面中首先要输入用户名（见图 3-13）。如果输入的用户名不合法，还要提示用户重新输入。输入成功后，用户可以进入游戏界面，选择进入房间或者创建房间。"

"如果选择进入房间，用户要输入房间号（见图 3-14）。如果输入的房间号正确，要通知服务器端。如果房间存在，用户将作为玩家进入房间；如果房间号不存在，要通知用户重新输入房间号。"

"如果选择创建房间，就要通知服务器端，返回创建的房间号，并展示出来。此时用户的角色将是房主。接下来，显示"游戏开始"按钮。单击按钮后，如果玩家数量足够将开始游戏。"

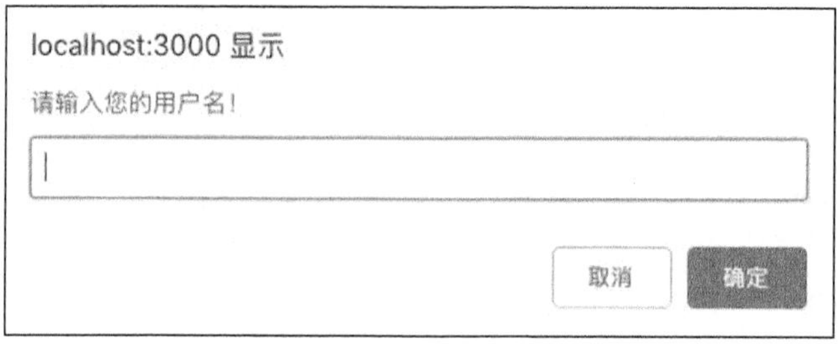

localhost:3000 显示

请输入您的用户名！

| |

取消　确定

▲图 3-13　输入用户名

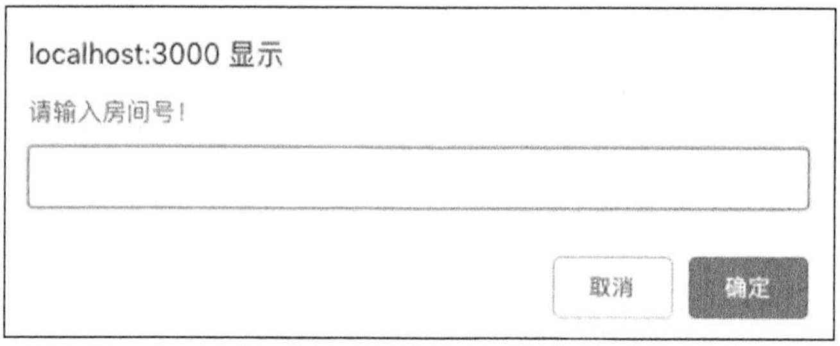

localhost:3000 显示

请输入房间号！

取消　确定

▲图 3-14　输入房间号

　　于是小白创建了玩家模块。为了实现交互，要绑定 DOM 事件。然而，绑定的事件元素很多。为了减少事件的数量，提高性能，小白采用事件委托模式（事件委托模式请参考《JavaScript 设计模式》一书的第 28 章）。因此在构造函数中获取了整个容器元素，并将所有按钮的单击事件都委托给了该容器元素。

　　具体实现程序如下。

```
// 定义玩家模块
Ickt('Player', {
    // 构造函数
    initialize: function() {
        // 获取容器元素，在后面要绑定事件
        this.container = document.getElementById('app')
        // 判断用户是否是房主，即法官
        this.isRoomOwner = false;
    },
    // 所有模块加载完
    ready: function() {
        // 设置用户名
        this.username = prompt('请输入您的用户名！')
        // 如果用户名不合法，即用户名为空
        while (this.username.trim() === '') {
            // 提示用户，并要求再次输入用户名
            alert('请输入合法用户名')
            this.username = prompt('请输入您的用户名！')
        }
        // 绘制用户名
        this.trigger('ui.showUsername', this.username)
        this.container.addEventListener('click', function(e) {
```

```
            // 获取单击元素的类型
            var type = e.target.getAttribute('data-type');
            // 判断类型
            switch (type) {
                // 如果单击了"进入房间"按钮
                case 'enterRoom':
                    // 玩家输入房间号
                    var id = prompt('请输入房间号！');
                    // 发布进入房间的消息
                    this.trigger('socket.enterRoom', {
                        username: this.username,        // 用户名
                        id: id                          // 房间id
                    })
                    break;
                // 单击"创建房间"按钮
                case 'createRoom':
                    // 发布创建房间的消息
                    this.trigger('socket.createRoom', this.username)
                    break;
                // 开始游戏
                case 'gameStart':
                    // 如果是房主，则可以启动游戏，发布开始游戏的消息
                    this.isOwner && this.trigger('socket.gameStart', {
                        username: this.username,    // 房主名称
                        id: this.roomID             // 房间ID
                    })
                    break;
            }
        // 为事件回调函数绑定作用域
        }.bind(this))
    }
})
```

在用户模块中，为了与服务器端通信，把一个接一个的 Socket 消息传向 Socket 模块。

3.9 "国王"的"传令官"

创建玩家后，一位一位的玩家（"子民"）都想对"国王"（服务器端）说："我已经来了，赶快开始游戏吧"。然而，"国王"每天很忙，因此需要传令官（Socket 协议）传达消息。于是小白就创建了 Socket 模块。该模块专门负责将"子民"（玩家）的消息传递给"国王"（服务器端），并将"国王"的消息（服务器端）传递给他的"子民"（玩家）。于是在 HTML 页面中引入了传令官 socket.io.js，并在 Socket 文件中创建了 Socket 模块。

```
<script type="text/javascript" src="socket.io/socket.io.js"></script>
```

上一节提到，用户有 3 个交互——创建房间（CreateRoom）、进入房间（enterRoom）和开始游戏（gameStart）。因此小白在 Socket 模块中注册了 3 条消息，并将消息放在了 Socket 命名空间中。为了能够使用 Socket 接口，在构造函数中初始化了 Socket 对象。在消息的方法中，

小白将这几个交互动作通过 Socket 对象的接口方法（emit）传向服务器端。

```
// 前端 Socket 模块
Ickt('Socket', {
    // 订阅消息
    message: {
        // 订阅创建房间的消息
        'socket.createRoom': 'createRoom',
        // 订阅进入房间的消息
        'socket.enterRoom': 'enterRoom',
        // 订阅游戏开始的消息
        'socket.gameStart': 'gameStart'
    },
    // 构造函数
    initialize: function() {
        // 获取 socket 对象
        this.socket = io();
    },
    // 发布创建房间的消息
    createRoom: function(username) {
        this.socket.emit('createRoom', username)
    },
    /**
     * 发布进入房间的消息
     * @data        玩家信息
     ***/
    enterRoom: function(data) {
        this.socket.emit('enterRoom', data)
    },
    /**
     * 发布开始游戏的消息
     * @data        房主（法官）信息
     ***/
    gameStart: function(data) {
        this.socket.emit('gameStart', data)
    }
}))
```

1. 接收指令

"'子民'（玩家）不能总是发布消息，也要知道'国王'（服务器端）的回应。"小白心想，因此小白在构造函数中订阅了"国王"可能会发布的消息。

```
// 模块实例化之前，定义服务器端可能发布的消息名称
beforeInstall: function() {
    // 模块类的静态属性，用于存储消息名称
    this.ACTIONS = [
        // 显示房间号
        'showRoomNum',
        // 显示当前玩家信息
        'showCurrentPlayer',
        // 显示所有加入的玩家
        'showAllPlayer',
        // 显示玩家角色
```

```
                'showRoles',
                // 显示房间信息
                'showRoomDetail',
                // 显示错误消息
                'errorMessage'
        ]
    },
    // 构造函数
    initialize: function() {
        // 获取 socket 对象
        this.socket = io();
        // 注册 socket 事件消息
        // this.IOEventCenter();
        this.consts('ACTIONS').forEach(function(msg) {
                // 消息回调函数的名称以 on 开头，采用驼峰式写法
                this.socket.on(msg, this['on' + msg[0].toUpperCase() +
                msg.slice(1)].bind(this))
        }.bind(this))
    },
    /***
     * 订阅显示房间号的消息
     * @roomID: 房间 ID
     **/
    onShowRoomNum: function(roomID) {
        this.trigger('ui.showPlayerView', true)        // 显示玩家视图
        this.trigger('player.saveRoomID', roomID)      // 存储房间号
    },
    /***
     * 显示当前玩家 ID
     * @res:      接收的数据
     *    res.roomID: 房间号
     *    res.playerID: 玩家 ID
     **/
    onShowCurrentPlayer: function(res) {
        this.trigger('ui.showPlayerView')              // 显示玩家视图
        this.trigger('ui.showPlayerState', res)        // 显示玩家状态
    },
    /***
     * 显示所有加入的玩家
     * @res: 玩家数组集合，用于存储所有玩家信息
     **/
    onShowAllPlayer: function(res) {
        this.trigger('ui.showAllPlayer', res)
    },
    /***
     * 不是房主，玩家会显示自己的角色
     * @res: 玩家抽取的词语
     **/
    onShowRoles: function(res) {
        this.trigger('ui.showPlayerRoles', res)
    },
    /***
     * 房主显示结果
     * @res:   接收的数据
     *    res.undercover（卧底数）
```

```
*    res.visitor（所有玩家）
*    res.trueValue（平民抽取的词语）
*    res.falseValue（卧底抽取的词语）
**/
onShowRoomDetail: function(res) {
    this.trigger('ui.showRoomDetail', res)
},
// 显示请求错误的消息
onErrorMessage: function(res) {
    console.log('errorMessage', res)
    alert(res.msg)
},
```

在 onShowRoomNum 中，小白向用户发送了 player.saveRoomID 的消息，并传递了房间号，于是小白进入用户页面，订阅最后一条消息。

2. 最后一条消息

小白进入 player 模块，首先在 message 中订阅消息，实现程序如下。

```
// 订阅消息
message: {
    // 订阅存储房间 ID 的消息
    'player.saveRoomID': 'saveRoomID'
},
```

然后，实现了 saveRoomID 方法，在该方法中还要在视图中显示房间号，因此向 UI 模块发布了显示房间号的消息（ui.showRoomID）。

```
// 存储房间 ID
saveRoomID: function(id) {
    // 存储房间 ID
    this.roomID = id;
    // 该玩家是房主，即法官
    this.isOwner = true;
    this.trigger('ui.showRoomID', id)          // 显示房间号
}
```

写完方法后，游戏终于实现了。于是小白叫来了团队项目经理、小铭、产品经理、设计师，大家打开游戏，大战一场。项目经理要当房主，于是首先进入游戏，随后其他人员依次进入，项目经理单击"游戏开始"按钮启动游戏。小白激动不已，赶紧查看自己抽到的词语，"天哪！原来抽中的是'卧底'。"其他人看到自己手中的词后沉默不语……

下一章剧透

虽然设计了十分有趣的《大转盘》，但是玩家只能自娱自乐，如何才能让两个玩家或者多个玩家参与进来呢？赶快翻看下一章，看看 HTML5 为我们提供的 Web Socket 技术吧。

有了服务器端的响应，多人游戏将十分有趣，只可惜在《谁是卧底》游戏中前后端通信较多，前端的业务逻辑算法较少，当前端模块比较多时，产生依赖该怎么办呢？项目间重复的算法逻辑该如何复用呢？喝杯咖啡，休息一下，准备进入下一章，看看 Ickt 框架是如何解决模块依赖并复用算法的。

我问你答

游戏虽好，只可惜只能在局域网中玩，如何能够让天南海北的玩家一起玩呢？尝试让玩家输入关于所抽中词语的描述，并进行投票，从而找出玩家中的卧底。

附件

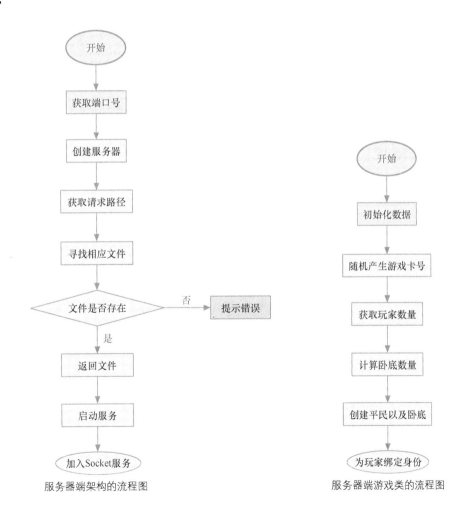

服务器端架构的流程图　　　　服务器端游戏类的流程图

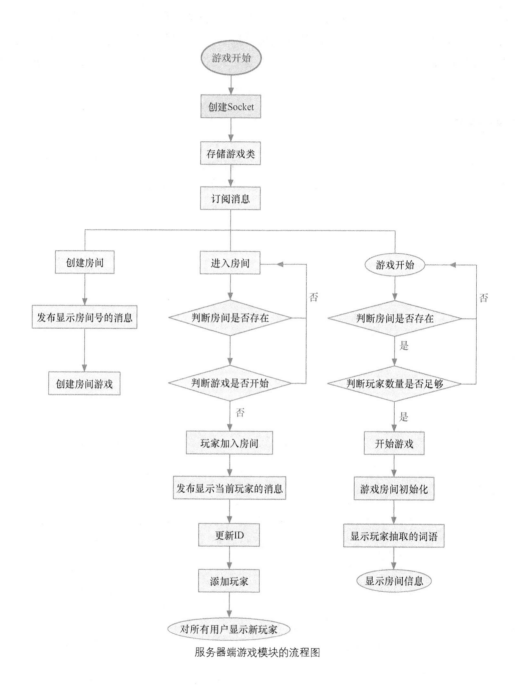

服务器端游戏模块的流程图

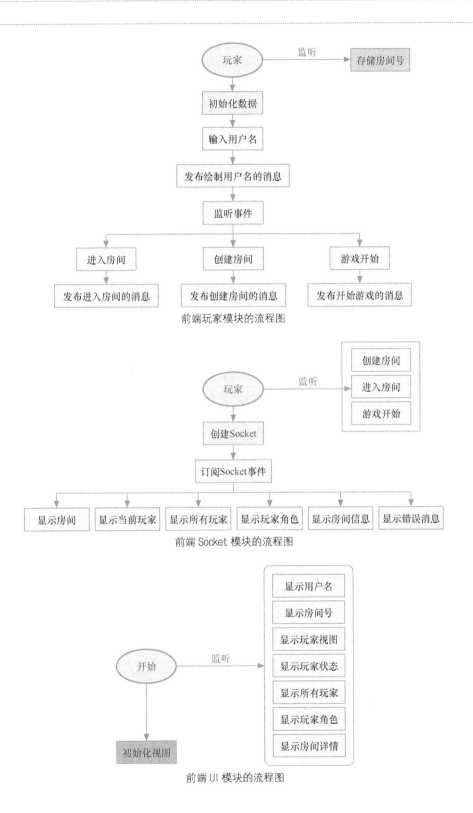

前端玩家模块的流程图

前端 Socket 模块的流程图

前端 UI 模块的流程图

第4章 《五子棋》与参数注入服务

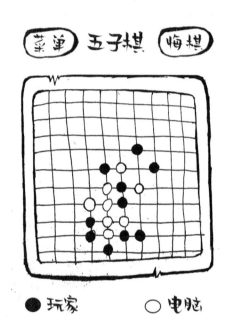

游戏综述

《五子棋》是世界智力运动会的竞技项目之一，是中国时代的传统黑白棋种之一，是一种两人对弈的纯策略型棋类游戏，通常双方分别使用黑白两色的棋子，棋子下在棋盘中纵横两条线的交叉点上，先将五子连成一条线的人获胜。《五子棋》容易上手，老少皆宜，而且趣味横生，引人入胜。它不但能增强思维能力，提高智力，而且富含哲理，有助于修身养性。

游戏玩法

在《五子棋》中，对局的双方各执一色棋子。以空棋盘作为开局。黑先、白后，交替下棋子，每次只能下一个棋子，黑方的第一枚棋子下在棋盘任意交叉点上，白方的棋子下在棋盘的空白点上。棋子下定后，不得向其他点移动，不得从棋盘上拿掉或拿起后另落别处。轮流下棋子是双方的权利，但允许任何一方放弃下棋的权利，双方中先将五子连成一条线的人获胜。

项目部署

css：游戏样式文件夹。

reset.css：reset 样式文件。

style.css：游戏样式文件。

js：游戏模块文件夹。

event.js：事件模块。

map.js：地图模块。

player.js：用户模块。

socket.js：socket 模块。

ui.js：视图 UI 模块。

services：服务文件夹。

$gobang.js：《五子棋》策略服务模块。

lib：前端库文件夹。

ickt.js：Ickt 核心库文件。

server：服务器端所有脚本文件。

lib：库文件夹。

httpServer.js：HTTP 服务器模块。

socketServer.js：Socket 服务器模块。

modules：项目文件夹。

app.js：项目模块。

game.js：游戏通信模块。

index.html：项目入口文件。

server.js：服务器入口文件。

入口文件

```
<!DOCTYPE html>
<html lang="en">
<head>
    <meta charset="UTF-8">
    <meta name="viewport" content="initial-scale=1, maximum-scale=1, minimum-scale=1,
user-scalable=1, width=device-width">
    <link rel="stylesheet" type="text/css" href="css/reset.css">
    <link rel="stylesheet" type="text/css" href="css/style.css">
    <title>五子棋游戏</title>
</head>
<body>
    <div id="app"></div>
<script type="text/javascript" src="lib/ickt.js"></script>
<script type="text/javascript" src="js/services/$gobang.js"></script>
<script type="text/javascript" src="js/map.js"></script>
<script type="text/javascript" src="js/ui.js"></script>
<script type="text/javascript" src="js/event.js"></script>
<script type="text/javascript" src="js/player.js"></script>
<script type="text/javascript" src="js/socket.js"></script>
<script type="text/javascript" src="socket.io/socket.io.js"></script>
<script type="text/javascript">
    Ickt();
</script>
</body>
</html>
```

4.1 五子棋大赛

"小白，"小铭将小白叫了过来并说，"咱们公司要开展五子棋大赛，经理让咱们做一个《五子棋》游戏，也很有挑战性的，你有兴趣吧？"

"五子棋？以前在学校我可是经常玩的。我还是高手呢，可是开发《五子棋》游戏还真是'小白'呀！"小白回答道，"不过我倒是挺想开发的。"

"好呀，《五子棋》游戏也需要服务器，而我们在上一个游戏《谁是卧底》中也使用了服务器，里面的一些逻辑可以复用，如 server/lib 目录中的 HTTP 服务器文件以及 Socket 文件可以复用，剩下的我们可以参考《谁是卧底》游戏中的服务器端程序，实现 modules 中的 app.js 以及 game.js 文件。"小铭说。

"对呀，《五子棋》游戏是双人对弈的，其他人也可以观看，因此《谁是卧底》游戏的服务器端的架构也适合《五子棋》游戏。"小白说着将《谁是卧底》游戏中可以复用的文件 server/lib/httpServer.js 和 server/lib/socketServer.js，以及根目录中的项目启动文件 server.js 复制过来，并创建了 modules 文件夹，以及 modules 文件夹中的 app.js 和 game.js 文件，如图 4-1 所示。

▲图 4-1 服务器端部署

4.2 创建项目

"《五子棋》也是个前后端实时通信的 Socket 项目，不过在开发之前，小白你说说，服务器端可以收发哪些消息。当然，咱们这次简化一些，不用像上次那样创建房间了。"小铭说道。

小白思虑片刻，答道："用户进入游戏要通知服务器，用户单击"开始游戏"按钮也要通知服务器，用户下棋也要通知服务器，用户获胜也要通知服务器，如果有观众因为实在看不下去棋手的水平而要离开也要通知服务器。"

小铭笑了笑说："确实如此。"于是在 app.js 中注册了这些消息。

实现程序如下。

```
let io = require('../lib/socketServer.js');       // 导入 IO 接口
class App {
    // 消息不需要每次实例化的时候都创建一份，因此我们将它们定义在静态属性中，并存储消息名称
    static get message() {
        // 需要注册的 Socket 消息序列
        return ['playerInit', 'gameStart', 'playerChoose', 'playerWin', 'disconnect']
    }
    // 在构造函数中，注册消息
    constructor() {
        // 存储 Socket 对象
        this.io = io;
        // Socket 监听玩家链接成功的消息
        this.io.on('connection', guest => {
            // 遍历消息，逐一注册
            App.message.forEach(name => {
                // 注册消息，为了在回调方法中访问注册消息的用户，我们将作为参数传递用户
                guest.on(name, this[name].bind(this, guest))
            })
        })
    }
    // 用户进入游戏
    playerInit(guest, res) {}
    // 游戏启动
    gameStart(guest, res) {}
    // 棋手下棋
    playerChoose(guest, res) {}
    // 棋手获胜
    playerWin(guest, res) {}
    // 观众离开
    disconnect(guest, res) {}
}
// 暴露接口
module.exports = App;
```

4.3 游戏模块

"接下来，我们要在这些消息中处理游戏模块了，不过游戏中应该存储哪些数据呢？"小

铭问小白。

有了上一个游戏的开发经验，这次小白迅速地给出了答案："如果不考虑创建房间，也就是说，所有玩家和观众都在一个游戏（可以看作在一个房间）中，那就简单了，游戏中有两位玩家，以及众多观众。观众只能观看游戏，没有其他操作，因此对于玩家来说还要发送一些特殊消息，比如显/隐开始按钮等，于是要存储两个玩家的 Socket 对象。游戏要提供是否开始，是否结束的信息，游戏要提供当前下棋的棋手。当然，如果观众后来加入，还要提供之前下棋的步骤等。"小白说着说着，就创建了游戏类，在 App 中实例化并存储在构造函数中。

实现程序如下。

```
server/lib/game.js
// 游戏类
class Game {
    // 构造函数
    constructor() {
        // 第一位棋手的名字
        this.player1 = null;
        // 第二位棋手的名字
        this.player2 = null;
        // 观众集合
        this.visitor = [];
        // 游戏是否开始
        this.begin = false;
        // 游戏是否结束
        this.gameover = false;
        // this.lastChoose = '';
        // 存储游戏步骤
        this.actions = [];
        // 所有棋手的 Socket 对象
        this.guest = [];
        // 当前下棋的棋手
        this.movePlayer = null;
    }
}
module.exports = Game;

server/lib/app.js
let Game = require('./game.js');        // 导入 class 模块
class App {
    constructor() {
        // 存储游戏类
        this.game = new Game();
        // ...
    }
}
```

4.4　游戏操作方法

"非常好，小白，game.js 中的 Game 游戏类应该具备哪些操作方法呢？"小铭问。

"首先，玩家可以进入游戏，但是进入的游戏可能是玩家，也可能是观众，观众是不能与玩家同名的。然后，玩家可以开始游戏。游戏开始后，棋手可以下棋，还要检测该棋手是否连续多次下棋，当没有连续下棋时，要记录该棋手已经下棋，并且要存储棋手下棋的状态。五子相连则游戏结束。如果在下棋的过程中观众真的看不下去了，观众也会离开的。"小白说。接下来，小白将这些操作写在了代码中。

```
class Game {
    // ...
    /**
    * 用户加入游戏
    * @username        玩家名称
    * @guest           Socket 对象
    * return           用户类型
    ***/
    addPlayer(username, guest) {
        // 如果第一位棋手不存在
        if (!this.player1) {
            // 存储棋手的名称
            this.player1 = username;
            // 存储 Socket 对象
            this.guest[0] = guest;
            // 加入的是第一位棋手
            return 1
        // 如果第二位棋手不存在
        } else if (!this.player2) {
            // 存储棋手的名称
            this.player2 = username;
            // 存储 Socket 对象
            this.guest[1] = guest;
            // 加入的是第二位棋手
            return 2
        // 如果两位棋手的名称相同
        } else if(this.player1 === username || this.player2 === username) {
            // 名称无效
            return 0;
        // 不是棋手，就是观众
        } else {
            // 存储观众
            this.visitor.push(username)
            // 加入的是观众
            return 3;
        }
    }
    /**
    * 游戏开始检测
    * return              游戏是否开始
    ***/
    start() {
        if (this.player1 && this.player2) {
            this.begin = true;
        } else {
            this.begin = false;
        }
```

```
            return this.begin;
      }
      /**
      * 检测玩家是否连续下棋
      * @username       玩家名称
      * return          true 表示棋手没有连续下棋，下次有效；false 表示棋手连续下棋，下次无效
      ***/
      checkChoose(username) {
            // 检测下棋的棋手名称与上一步下棋的棋手名字是否相同
            return this.movePlayer !== username
      }
      /**
      * 玩家下棋
      * @username       玩家名称
      ***/
      playerMove(username) {
            // 存储本次下棋的棋手名称
            this.movePlayer = username
      }
      /**
      * 存储动作
      * @res              本次下棋的状态信息
      ***/
      saveActions(res) {
            // 存储下棋信息
            this.actions.push(res)
      }
      /**
      * 玩家获胜，游戏结束
      ***/
      win() {
            // 游戏结束
            this.gameover = true;
      }
      /**
      * 玩家离开
      ***/
      userLeave(username) {
            // 如果是第一位玩家，移除第一位玩家的名称
            username === this.player1 ? (this.player1 = null) :
            // 如果是第二位玩家，移除第二位玩家的名称
          username === this.player2 ? (this.player2 = null) :
          // 如果是观众，移除该观众
          ~this.visitor.indexOf(username) && this.visitor.splice(this.visitor.indexOf
          (username), 1)
      }
}
```

4.5 实现游戏消息

　　"小白，有了游戏类，我们就可以在 App 中实例化，并在消息中操作游戏对象了。"小铭说。

　　"是呀，我们可以在用户加入游戏的消息中，返回用户的身份信息。如果两个玩家都加入了，就可以展示"开始游戏"按钮了。如果该用户是后加入的，也可以把他之前的所有步骤存储起来，并且通知其他用户，有新用户加入了。游戏开始后，要检测两位棋手是否存在。若二者存在，就开始；若不存在，就要通知用户等待一下。游戏开始后，玩家要下棋。如果游戏没有开始，要通知用户等待游戏开始。如果开始后同一位棋手走了两步，要通知该棋手等待一下。如果棋手下棋没有问题，则存储下棋棋手的名称，并存储该棋手的动作，还要告诉所有人最新的下棋步骤。如果玩家获胜，通知所有用户该玩家获胜的消息，并且游戏结束。最后，如果有观众离开，要移除游戏中的这位观众，并且通知所有用户，更新观众状态。"小白说。

　　实现程序如下。

```
class App {
    // ......
    /**
     * 用户加入游戏
     * @guest          Socket 对象
     * @res            前端返回的数据
     ***/
    playerInit(guest, res) {
        // 添加用户后，查看用户的类型
        switch (this.game.addPlayer(res.username, guest)) {
            // 用户名与玩家名称相同
            case 0:
                // 不合法的名称
                guest.emit('invaludUser')
                return;
            // 第一位玩家
            case 1:
                // 显示第一位玩家的信息
                guest.emit('setPlayer', 'player1')
                break;
            // 第二位玩家
            case 2:
                // 显示第二位玩家的信息
                guest.emit('setPlayer', 'player2')
                // 通知两位玩家，显示"开始游戏"按钮名字，以及两位玩家的名字
                this.game.guest.forEach(item => item.emit('showStartBtn',
                [this.game.player1, this.game.player2]))
                break;
            // 观众信息
            case 3:
                break;
        }
        // 显示玩家之前的步骤
        guest.emit('drawAllActions', this.game.actions)
        // 存储用户名，方便在 App 中访问
        guest.username = res.username;
        // 通知所有人添加了用户
        io.sockets.emit('addUser', this.getAllUser())
    }
    /**
```

```
    * 获取所有用户
    * return                返回玩家以及观众名称
    ***/
    getAllUser() {
         // 解构玩家以及观众名称
         let { player1, player2, visitor } = this.game;
         // 返回名称数据
         return { player1, player2, visitor }
    }
    /**
    * 开始游戏
    * @guest          Socket 对象
    * @res            前端返回的数据
    ***/
    gameStart(guest, res) {
         // 开始游戏
         if (this.game.start()) {
              // 通知所有用户开始游戏
              io.sockets.emit('gameStart')
         } else {
              // 缺少玩家，通知用户等待玩家
              guest.emit('waitPlayer')
         }
    }
    /**
    * 棋手下棋
    * @guest          Socket 对象
    * @res            前端返回的数据
    ***/
    playerChoose(guest, res) {
         // 判断游戏是否开始
         if (this.game.begin) {
              // 判断同一位棋手是否连续走两步
              if (this.game.checkChoose(guest.username)) {
                   // 存储棋手的名称
                   this.game.playerMove(guest.username)
                   // 存储棋手的动作
                   this.game.saveActions(res)
                   // 向所有用户显示该步
                   io.sockets.emit('drawPoint', res)
              } else {
                   guest.emit('waitPlayerChoose')
              }
         } else {
              // 若没开始，通知用户等待游戏开始
              guest.emit('waitGameStart', res)
         }
    }
    /**
    * 玩家获胜
    * @guest          Socket 对象
    * @res            前端返回的数据
    ***/
    playerWin(guest, res) {
         // 判断游戏是否结束
```

```
            if (!this.game.gameover) {
                // 获取用户名
                var player = this.game['player' + res.id];
                // 向所有用户显示获胜棋手
                io.sockets.emit('showWinPlayer', {
                    player: res.id,
                    username: player
                })
                // 游戏结束
                this.game.win()
            }
        }
        /**
         * 用户离开游戏
         * @guest          Socket 对象
         * @res            前端返回的数据
         ***/
        disconnect(guest, res) {
            // 将该用户从游戏中移除
            this.game.userLeave(guest.username)
            // 复用 addUser 消息更新视图
            io.sockets.emit('addUser', this.getAllUser())
        }
    }
```

4.6 方法重载

顺利地完成后端的开发后，小白开始琢磨着前端页面的构建，小白心想："服务器端的方法库可以复用，前端也应该可以复用一些框架库。"于是小白找到了上一个游戏中的 ickt.js 文件。

"先别急开发，小白，咱们现在的 Ickt 框架还不够强大。如果项目很大，那么模块之间可能会有依赖，但是我们的项目无法解决模块依赖问题；我们的模块中包含了很多算法逻辑，但是有些算法逻辑可能会在其他模块中使用，为了让这些功能可以在模块之间复用，我们还需要定义服务；有些游戏需要一些全局配置信息，但是我们还无法添加全局配置以及获取全局配置信息；我们的全局消息（如模块生命周期消息）都是内置的，如果能够自定义全局消息就更好了……"小铭说。

"小铭，你这一口气可是说了 4 个功能呀，看来要大改一场了。"小白吃惊地说。

"我们首先可以从 Ickt 方法入手，重载该方法，让它实现更多的功能。"小铭说。

小白有些疑虑地问道："我们应该重载哪些功能呢？"

"问得好！"小铭补充道。"当前 Ickt 方法应实现的是不传递参数就启动游戏。如果第一个参数是字符串，定义模块；否则，将第二个参数及其后面的参数对象中的属性方法复制到第一个参数对象中。现在我们希望不传递参数，就启动游戏。当传递一个参数时，如果它是字符串，就表示获取全局配置；如果它是对象，就表示即将添加的全局配置对象。当传递多个参数时，如果第一个参数是字符串，看第二个参数。如果第二个参数是函数，就表示有定义服务；否则，通过 module 定义模块（如果是字符串，表示 Ickt 中定义的扩展类，后面章节将介绍）。当传递多个参数时，如果第一个参数是对象，则表示将后面的参数对象中的属性方法复制到第一个参数对象中。为了实现链式调用，我们最终返回 Ickt。"

　　实现程序如下。

```
// 重载 Ickt 方法
var Ickt = function(key) {
    // 获取参数长度
    var len = arguments.length;
    // 如果只有一个参数
    if (len === 1) {
        // 第一个参数是字符串，表示获取全局配置
        if (typeof key === 'string') {
            // 检测是否存在字段信息，若不存在抛出错误
            if (Ickt.Conf[key] === undefined) {
                Ickt.error('全局中尚未配置 ' + key + ' 字段信息');
            }
            // 返回全局配置
            return Ickt.Conf[key]
        // } else if (typeof key === 'function') {
        //     root.onload = key.bind(this)
        //     否则存储全局配置
        } else {
            key && Ickt(Ickt.Conf, key)
        }
    // 参数长度大于 1
    } else if (len > 1) {
        // 第一个参数是字符串
        if (typeof key === 'string') {
            // 如果第二个参数是函数
            if (typeof arguments[1] === 'function') {
                // 表示自定义服务
                Ickt.Service[arguments[0]] = arguments[1]()
            } else {
                // 否则，通过 module 定义模块
                Ickt.module.apply(Ickt, Array.prototype.map.call(arguments,
                function(obj, index) {
                    // 从第二个开始，如果参数是字符串，表示模块要继承的扩展类
                    if (index && typeof obj === 'string') {
                        // 扩展类存储在 Ickt 中
                        return Ickt[obj]
                    }
                    // 返回参数对象
                    return obj
                }))
            }
        } else {
            // 从第二个参数开始，将每个对象中的属性方法复制到第一个对象中
            return Object.assign.apply(this, arguments)
        }
    } else {
```

```
        // 没有参数表示启动应用程序
        Ickt.ready();
    }
    // 返回 Ickt
    return Ickt
}
```

4.7　参数注入

"现在咱们的 Ickt 方法功能好强大呀。"小白感叹道。

"确实强大，但是为了自定义服务，我们要实现 Service 方法，并且在模块中使用服务，我们可以使用参数注入的技术。"小铭答道。

"参数注入技术？"小白问。

"是呀，参数注入技术其实很早就已经出现了，在 Angular 中很流行，甚至 Angular 6 和 7 都在使用。参数注入技术有点颠覆我们对方法的认识。函数在执行时形参代表什么数据取决于我们在使用函数的时候传递了什么数据。而参数注入技术告诉我们，函数在执行的时候形参代表什么，取决于我们在定义函数的时候形参定义了什么数据。形参定义了什么数据，函数在执行的时候形参就代表了什么数据。"小铭解释道。

"听上去很神奇呀！"小白惊讶地说。

"的确是这样，但是我们不能对于类中的所有方法都使用参数注入技术。"小铭说。

"为什么呢？"小白问。

"因为参数注入技术要求我们在函数执行之前，解析函数的参数，并根据解析的结果，找到这些数据，在函数执行的时候，传递这些数据，所以比较耗性能。通常我们在构造函数中实现参数注入即可，因为模块的构造函数是 initialize，所以我们解析 initialize 就行了。为了方便管理，我们将注入的所有数据统称为服务，因此为了注入模块中，我们就要首先定义这些服务。然后我们再扩展一点，对于被注入的服务，我们同时将其存储在模块实例化对象中，方便在其他属性方法中使用。"小铭说。于是小铭找到 Base 基类，并修改 this.initialize 方法的执行……

```
Ickt(Ickt, {
    // 一切模块以及组件的基类
    Base: function() {
        // 解析模块的消息序列，并注册已有的消息
        Ickt.messageSerialization.call(this);
        // 为了扩展模块，在这里执行模块预留的钩子函数
        this._hookCallbacks.forEach(function(fn) {
            // 注意，钩子函数一定要在当前模块实例化对象上执行
            fn.call(this);
        }.bind(this))
```

```
        // 解析 initialize 构造函数的参数集合，并传递模块实例化对象
        var args = Ickt.paramInjectAnalysis(this.initialize, this)
        // 为构造函数传递服务参数
        this.initialize.apply(this, args)
    },
    // 服务池，用于存储所有服务
    Service: {},
    /***
    * 解析注入的参数
    * @fn             解析的函数
    * @module         模块实例化对象
    * return          返回服务参数集合
    **/
    paramInjectAnalysis: function(fn, module) {
        // m 修饰符表示多行匹配
        // 去除注释
        var commentsReg = /((\/\/.*$)|(\/\*[\s\S]*?\*\/))/mg;
        // 获取参数
        var argsReg = /^[^\(]*\(([^\)]*)\)/m
        // 将方法转换成字符串
        var args = Function.prototype.toString.call(fn)
            // 删除注释
            .replace(commentsReg, '')
            // 获取注入服务
            .match(argsReg)[1]
        // 返回服务参数集合
        return args ?
            // 如果 args 参数存在
            args
            // 分割参数
            .split(',')
            // 获取参数
            .map(function(str) {
                // 去除首尾空白符
                var name = str.trim();
                // 在服务池中查找该服务
                var result = Ickt.Service[name]
                // 判断服务是否存在
                if (!result) {
                    // 若不存在，提示错误
                    Ickt.error(name + ' service not found!')
                } else {
                    // 若服务存在，将服务存储在模块自身中
                    module[name] = result;
                }
                // 返回该服务
                return result
            }) :
            // 若没有传递参数，返回空数组
            [];
    }
}))
```

"小白，有了参数注入的功能，我们就可以将游戏的算法逻辑看成服务，在模块（甚至项

目）之间复用了。"小铭说。

4.8　全局配置

"小铭，全局配置信息的获取以及存储方法都在 Ickt 方法中实现了，接下来，我们定义一个全局配置容器就可以了吧？"小白问。

"嗯，没错。"小铭说着写下了代码。

```
Ickt(Ickt, {
    // 全局配置
    Conf: {},
})
```

为了在创建模块前也可以进行全局配置，小白修改了 module 方法。

```
module: function(name) {
    // ...
    Object.setPrototypeOf ?
        Object.setPrototypeOf(Module, Parent) :
        (Module.__proto__ = Parent);
    // 进行全局配置
    protos.globals && Ickt(protos.globals)
    // ...
}
```

4.9　全局消息

"小白，接下来，实现注册全局消息，我们的框架中大体上有两类消息——全局消息和局部消息。你知道我们为何要注册全局自定义消息吗？"小铭问。

"局部消息是要求我们在模块内部注册的，如 ui.showStartBtn，并且手动地通过 trigger 方法触发，同时为了方便管理，我们还要携带命名空间。而全局消息则是定义在框架内部的，如 ickt.ready，模块中不需要订阅消息，只需要定义全局消息的回调函数，就可以在全局消息发布的时候自动执行。所以我们要实现注册全局消息的功能，就是为了让各个模块都能执行这类消息的回调函数（而不需要进入每个模块一一注册），提高我们的开发效率。"小白回答道。

"非常正确，如果以后我们想实现游戏模块，在游戏模块中注册全局方法，就可以在每个模块中加入游戏的生命周期方法，并自动执行，所以我们要实现它。而实现这个功能也很容易，无非就是在模块基类的 __message__ 属性中添加这个消息，这样所有的模块在实例化的时候就可以注册了。不过为了区分全局消息，我们可以添加一个命名空间 Ickt。由于全局消息是在所有模块中都存在的，无论创建模块时还是模块存在时，抑或销毁模块时都存在，因此也可以将其看成模块的生命周期方法，其回调函数也可以看成生命周期钩子函数。"小铭说。

```
Ickt(Ickt, {
    /***
     * 在模块中，注册全局消息
     * @messageName              全局消息的名称
     * @hookName                 生命周期钩子函数的名称
     **/
    registGlobalMessage: function(messageName, hookName) {
        // 添加全局消息前缀
        var wholeMessageName = 'ickt.' + messageName;
        // 判断该消息是否已经存在
        if (Ickt.Base.prototype.__message__[wholeMessageName]) {
            // 消息已经存在，提示用户
            Ickt.error(messageName + ' 已经被注册，请更换消息名称')
        }
        // 如果没有传递回调函数的名称，则将 messageName 转化成驼峰式，作为回调函数的名称
        hookName = hookName || messageName.replace(/\.([a-z])?/g, function
        (match, $1) {
            return $1 ? $1.toUpperCase() : ''
        })
        // 回调函数的名称
        Ickt.Base.prototype.__message__[wholeMessageName] = hookName;
        // 定义回调函数的默认值
        Object.defineProperty(Ickt.Base.prototype, hookName, {
            // 设置特性
            configurable: false,
            writable: true,
            enumerable: true,
            value: function() {}
        })
    }
})
```

4.10　模块依赖

　　"接下来，解析模块依赖关系。当系统足够复杂时，内部会有很多的模块，有一些模块必须在特定的模块实例化之后才能创建，这样它们就有了依赖关系，我们要处理这些依赖关系。"小铭说道。

　　"如果模块有依赖关系，在定义模块的时候我们就要指明这些依赖吧？"小白问道。

　　"的确是这样的，所以我们要为模块添加一个 dependencies 字段，表示依赖的模块集合。"小铭说。

　　实现程序如下。

```
Ickt.propertiesExtend(Ickt.Base.prototype,
    // 为基类扩展消息系统
    Ickt.EventCenter, {
    // ...
    // 一类是在各自的模块中单独定义的，定义在 message 中
    message: {},
    // 依赖集合，禁止双向依赖
    dependencies: []
```

```
    // ...
})
```

"在实例化前，为了方便访问这些依赖的模块集合，我们可以在定义模块类的时候，将它添加到模块中。"小铭补充道。

实现程序如下。

```
module: function(name) {
    // ...
    // 模块类的静态属性继承
    Object.setPrototypeOf ?
        Object.setPrototypeOf(Module, Parent) :
        (Module.__proto__ = Parent);
    // 定义全局配置
    protos.globals && Ickt(protos.globals)
    // 为了方便在创建前访问，存储依赖模块集合
    Module.dependencies = protos.dependencies;
    // ...
}
```

"为了方便解析它们的依赖关系，可以在模块创建前，将它们转换成一个数组集合，在集合中存储模块的名称以及依赖的模块名称。而 ready 方法是模块创建的方法，所以在方法内部可以先解析依赖关系，解析后我们再用模块解析（resolveDependencies 方法在后文中定义）方法处理这些模块依赖关系，得到一个模块集合。"小铭接着说。

实现程序如下。

```
ready: function() {
    // 存储所有模块及其依赖集合
    var modules = [];
    // [{name: 'Game', deps: []}, {name: 'Snake', deps: ['Map', 'UI']}, {name:
    'Map', deps: ['Game', 'UI']}, {name: 'Food', deps: ["Map", "Snake", 'UI']}, {name:
    'UI', deps: []}]
    // 遍历所有需要安装的模块
    this.installModule = this.installModule.filter(function(moduleName) {
        // 如果模块名称不存在，继续执行下一个
        if (!moduleName) {
            return;
        }
        // 如果在所有模块集合中存在该模块名称
        if (Ickt.ModuleClass[moduleName]) {
            // 存储该模块名称及其依赖的模块集合
            modules.push({
                name: moduleName,
                deps: Ickt.ModuleClass[moduleName].dependences
            })
        }
    // 绑定当前对象
    }.bind(this))
    // 解析依赖集合
    var result = this.resolveDependencies(modules)
```

```
            // 按照模块的创建顺序，遍历所有模块
            .forEach(function(module) {
                // 创建这个模块
                this.create(module)
            }.bind(this))
        // 所有组件安装完成，进入生命周期的第五个阶段
        this.EventCenter.trigger('ickt.ready');
        // 返回 this，方便链式调用
        return this;
    },
```

4.11 解析依赖

"重中之重就是实现 resolveDependencies 方法，解决这些依赖问题。假设得到了一个包含所有模块及其依赖的集合——[{name: 'Game', deps: []}, {name: 'Snake', deps: ['Map', 'UI']}, {name: 'Map', deps: ['Game', 'UI']}, {name: 'Food', deps: ["Map", "Snake", 'UI']}, {name: 'UI', deps: []}]。应该先创建哪个模块？"小铭问小白。

"看都看迷糊了，还是实现 resolveDependencies 方法来判断吧。"小白答道。

"那应该如何实现 resolveDependencies 方法呢？"小铭追问。

"这可难住我了，你有什么好办法呢？"小白说。

在实现方法前，我们要先想好算法。为了简化模块的书写，我们保留模块（Game、Snake、Map、Food、UI）的首字母即可得到模块 G｜S｜M｜F｜U。按照提供的数据中模块的顺序，我们创建如下列表，左侧表示被依赖的模块，右侧表示当前模块的名称，箭头的指向表示有了左侧模块才能创建右侧模块。

```
M -> S
U -> S
G -> M
U -> M
M -> F
S -> F
U -> F
```

按照 G｜S｜M｜F｜U 的顺序查看右边的模块，可以发现右侧没有 G 模块，因此说明 G 模块的创建不依赖其他模块，该模块可以优先创建。G 模块创建了，依赖 G 模块的其他模块就可以随时创建了。于是可以删除 G -> M，以更新该列表。

```
M -> S
U -> S
U -> M
M -> F
S -> F
U -> F
```

按照上面的策略，遍历列表，右边没有 U 模块，所以可以创建 U 模块。U 模块创建后，依赖 U 模块的 S 模块和 M 模块就可以随时创建了，所以现在已经创建了两个模块——G | U。我们继续更新列表。

```
M -> S
M -> F
S -> F
```

按照上面的策略，遍历列表，右边没有 M 模块，所以可以创建 M 模块。M 模块创建后，依赖 M 模块的 S 模块和 F 模块就可以随时创建了，所以现在已经创建了 3 个模块——G | U | M。我们继续更新列表。

```
S -> F
```

按照上面的策略，遍历列表，右边没有 S 模块，所以可以创建 S 模块。S 模块创建后，依赖 S 模块的 F 模块就可以随时创建了，所以现在已经创建了 4 个模块——G | U | M | S。剩下的 F 模块即可最后创建，之后得到 G | U | M | S | F。但是需要注意的是，上述过程中，如果有双向依赖关系的模块，就会永远得不到结果。

小白拿着得到的模块顺序，将上面的测试数据验证了一下，惊叹道："果然可以呀！"

"当然了，"小铭自信地说道，"接下来我们就要实现 resolveDependencies 方法了。"

实现程序如下。

```
Ickt(Ickt, {
    /**
     * Game: G, Snake: S, Map: M, Food: F, UI: U。 | G S M F U
     * M -> S        M -> S        M -> S           S -> F              删除左边的 S
     * U -> S        U -> S        M -> F        删除左边的 M      右边没有 F
     * G -> M        U -> M        S -> F        右边没有 S        G U M S F
     * U -> M        M -> F        删除左边的 U    G U M S | F  处理完毕
     * M -> F        S -> F        右边没有 M
     * S -> F        U -> F        G U M | S F
     * U -> F        删除左边的 G
     * 右边没有 G      右边没有 U
     * G | S M F U, G U | S M F
     **/
    /***
     * 解析模块依赖
     * @arr 要被处理的集合数组 格式: [{name: 'Game', deps: []}, {name: 'Snake', deps: ['Game']}]
     * return             返回模块的创建顺序
     **/
    resolveDependencies: function(arr) {
        // 依赖的模块集合
        var deps = [];
        // 模块集合
        var modules = [];
        // 获取已经实例化的模块（已经实例化了，说明模块已经创建了）
```

```
        var instances = this.instances;
        arr.forEach(function(obj, index) {
            // 存储模块的名称
            modules.push(obj.name);
            // 遍历依赖模块的集合
            obj.deps.forEach(function(item) {
                // 如果模块已经安装，不要加入依赖解析
                if (instances[item.toLowerCase()]) {
                    return;
                }
                // 存储依赖关系，这是一个数组，第一个成员表示被依赖的模块 item，第二个成员表示
                // 当前的模块 obj.name
                deps.push([item, obj.name])
            })
        })
        // 按照上面的算法处理模块，得到模块的创建顺序集合并返回
        return this.dependenciesArrayOrder(modules, deps, []);
    },
    /***
     * 解析依赖，确定模块创建顺序
     * @modules          未确定顺序的所有模块
     * @deps             所有模块依赖关系的集合
     * @result           上一次处理的结果
     **/
    dependenciesArrayOrder: function(modules, deps, result) {
        // 定义当前模块，并获取所有模块的长度
        var module, len = modules.length;
        // 寻找右边不存在的模块
        modules.some(function(name, index) {
            // 所有模块名称都不能一样
            var test = deps.every(function(arr) {
                return arr[1] != name
            })
            // 如果找到了
            if (test) {
                // 从未确定顺序的所有模块数组中删除选中的
                module = modules.splice(index, 1)[0];
                // 在结果中加入该数组
                result.push(module)
            }
            return test;
        })
        // 没有找到模块，说明双向依赖
        if (len === modules.length) {
            // 双向依赖的模块集合
            var errorArr = []
            // 遍历依赖模块的集合
            deps.filter(function(arr) {
                // 如果左侧模块与右侧模块名称相同
                return deps.filter(function(item) {
                    return arr[0] === item[1] && arr[1] === item[0]
                }).length
            // 遍历结果，去重
            }).forEach(function(arr) {
                // 左右模块拼接后的结果不能存放在 errorArr 数组中
```

```
                  if (
                      !~errorArr.indexOf(arr.join('<=>')) &&
                      !~errorArr.indexOf([arr[1], arr[0]].join('<=>'))
                  ) {
                      // 如果不在 errorArr 数组中，存储双向依赖的两个模块的拼接形式
                      errorArr.push(arr.join('<=>'))
                  }
              })
              // 如果有双向依赖的模块
              if (errorArr.length) {
                  // 提示用户，错误很严重，相互依赖的模块可能无法运行
                  Ickt.seriousError('模块禁止双向依赖！' + errorArr.join(' | '))
              } else {
                  // 对于没有双向依赖的模块，可能依赖的模块不存在，提示用户定义不存在的模块，以及错误
                  // 所在模块的位置
                  // 遍历依赖的模块集合
                  deps
                      .forEach(function(arr) {
                          // arr[0]表示被依赖的模块，arr[1]表示当前模块
                          // 如果被依赖的模块不在未排序的模块中
                          if (modules.indexOf(arr[0]) < 0) {
                              // 提示用户，定义模块
                              Ickt.seriousError(arr[1] + '模块中依赖的模块 ' + arr[0] +
                              ' 尚未定义！请定义 ' + arr[0] + ' 模块')
                          }
                      })
              }
              // 阻止程序执行
              return;
          }
          // 删除依赖数组
          deps = deps.filter(function(arr) {
              // 去除左边是 module 的成员
              return arr[0] != module;
          })
          // 如果还有没处理的模块，继续处理
          if (modules.length) {
              return this.dependenciesArrayOrder(modules, deps, result);
          }
          return result;
      }
  })
```

"大功告成，小白，咱们可以继续开发游戏了。"小铭说。

4.12 绘制棋盘

"小铭，咱们的《五子棋》游戏界面应该展示哪些信息呢？"小白问。

"展示什么信息就要看游戏中会出现什么。首先要知道玩家棋子的颜色，然后还需要有棋盘。另外，如果其他同事想观看，也要展示观众信息。游戏可能会在不同设备上展

示，而我们的棋盘也不能太小，所以我们最好配置棋盘的一些信息，如图 4-2 所示。"小铭答。

▲图 4-2 棋盘的配置信息

按照小铭的吩咐，在 HTML 页面中，小白在 Ickt 方法执行前（应用程序启动前）添加了全局配置。

```html
<script type="text/javascript" src="socket.io/socket.io.js"></script>
<script type="text/javascript">
    Ickt({
        // 棋盘线条数
        line: 20,
        // 单元格的宽度
        cell: 15,
        // 容器元素
        container: '#app'
    // 启动程序
    })();
</script>
```

添加完全局配置，小白在 js 目下创建了 ui.js 视图以绘制模块文件，并初始化了页面的格局。

```
Ickt('UI', {
    message: {},
```

```
        // 构造函数
        initialize: function() {
            // 单元格宽度
            this.cell = Ickt('cell');
            // 获取游戏渲染容器
            this.container = document.querySelector(Ickt('container'))
            // 添加样式类
            this.container.className = 'game';
            // 设置容器的宽与高
            this.container.style.height = (Ickt('line') - 1) * this.cell + 'px'
            this.container.style.width = (Ickt('line') - 1) * this.cell + 'px'
            // 绘制用户
            this.initUser()
        },
        // 绘制用户的实现方式
        initUser: function() {
            // 玩家容器
            this.playerDom = document.createElement('div')
            // 观众容器
            this.watcherDom = document.createElement('div')
            // "开始游戏"按钮
            this.gameStartDom = document.createElement('div')
            // 为容器元素添加样式类
            this.playerDom.className = 'player';
            this.watcherDom.className = 'watcher';
            this.gameStartDom.className = 'btn game-start'
            // 设置内容
            this.gameStartDom.innerHTML = '开始游戏';
            // 将这些容器添加到容器元素内
            this.container.appendChild(this.playerDom)
            this.container.appendChild(this.watcherDom)
            this.container.appendChild(this.gameStartDom)
        },
    }))
```

　　根据看到的效果图，小白在 css 目录下创建了 style.css 并导入了上一个游戏中定义的 reset.css 文件。在 style.css 中，小白定义了《五子棋》游戏中的相关样式。

```
/*棋盘居中*/
.game {
    margin: 50px auto;
    border: 1px solid #ccc;
    position: relative;
}
/*每行不能溢出*/
.row {
    overflow:hidden
}
/*列与列相邻，通过border定义边界*/
.col{
    float:left;
    width:13px;
    height:13px;
    border:1px solid #ddd;
```

```
    }
    .item {
        width: 10px;
        height: 10px;
        border-radius: 50%;
        position: absolute;
    }
    .item-type-1 {
        border: 1px solid #fff;
        background: #000;
    }
    .item-type-2 {
        border: 1px solid #000;
        background: #fff;
    }
    /*玩家样式*/
    .player {
        position: fixed;
        top: 5px;
        left: 50%;
        margin-left: -150px;
        width: 300px;
        text-align: center;
        font-size: 16px;
        line-height: 50px;
        color: orange;
    }
    .player span {
        color: red;
        font-size: 20px;
        margin: 0 10px;
    }
    .player i {
        width: 10px;
        height: 10px;
        border-radius: 50%;
        display: inline-block;
    }
    .player i.white {
        background: #fff;
        border: 1px solid #000;
    }
    .player i.black {
        background: #000;
        border: 1px solid #fff;
    }
    .watcher {
        position: fixed;
        top: 410px;
        left: 50%;
        margin-left: -130px;
        width: 260px;
        font-size: 16px;
        color: green;
        text-align: left;
```

```
}
.btn {
    font-size: 16px;
    height: 40px;
    line-height: 40px;
    text-align: center;
    border-radius: 4px;
    margin: 20px auto;
    width: 80%;
      color: #fff;
      border: 1px solid transparent;
}
.game-start {
    background-color: #d9534f;
    border-color: #d43f3a;
    display: none;
}
.game-start {
    position: fixed;
    top: 340px;
    left: 50%;
    margin-left: -40%;
}
```

小白心想："虽然创建了这些视图容器，但是我们还要绘制玩家信息、观众信息、显/隐'开始游戏'按钮，甚至还要把棋盘以及玩家下棋的步骤一一绘制出来。"于是小白订阅了这些绘制消息。

```
message: {
    // 绘制棋盘
    'ui.renderMap': 'renderMap',
    // 绘制玩家下棋的步骤
    'ui.renderPlayer': 'renderPlayer',
    // 绘制进入游戏的用户
    'ui.drawAllPlayers': 'drawAllPlayers',
    // 显示"开始游戏"按钮
    'ui.showGameStartBtn': 'showGameStartBtn',
    // 隐藏"开始游戏"按钮
    'ui.hideGameStartBtn': 'hideGameStartBtn'
},
```

首先，实现绘制棋盘的方法 renderMap。小白心想："要根据传递的棋盘数据来绘制，因此应该作为参数接收一个棋盘二维数组。"

实现程序如下。

```
/***
 * 绘制棋盘
 * @map              棋盘二维数组的数据
 **/
renderMap: function(map) {
    // 获取容器
    var container = this.container;
    // 20 条横线，19 个格子，可以使用 reduce 方法从第二个成员开始执行
    map.reduce(function (rowRes, rowArr, rowIndex) {
```

```
        // 创建行元素，并添加类
        var row = document.createElement('div');
        row.className = 'row';
        // 20 条竖线，19 个格子，从第二个成员开始绘制
        rowArr.reduce(function(colRes, colItem, colIndex) {
            // 创建列元素，并添加类
            var col = document.createElement('div');
            col.className = 'col';
            // 对于每个格子，应该表示行号与列号
            col.setAttribute('data-row-col', rowIndex + '|' + colIndex);
            row.appendChild(col)
        })
        // 将行元素与列元素渲染出来
        container.appendChild(row)
    })
},
```

然后，在绘制棋手所下棋子的方法中，应该知道玩家棋子所在行与列，以及玩家 id，以此来获知棋子的颜色。

```
/***
 * 绘制棋手所下棋子
 * @row            行
 * @col            列
 * @id             玩家 id
 **/
renderPlayer: function(row, col, id) {
    // 创建棋子
    var item = document.createElement('div')
    // 添加样式类
    item.className = 'item item-type-' + id;
    // 设置行与列偏移量
    item.style.left = col * this.cell - 6 + 'px';
    item.style.top = row * this.cell - 6 + 'px';
    // 渲染棋子
    this.container.appendChild(item)
},
```

最后，在绘制进入游戏的用户方法中，要接收玩家以及观众的信息，因为玩家和观众都要绘制出来。

```
/***
 * 绘制玩家以及观众
 * @res            存储玩家和观众名称
 **/
drawAllPlayers: function(res) {
    // 绘制玩家
    this.playerDom.innerHTML = '<i class="black"></i> ' + (res.player1 || '等待玩
家') + '<span>VS</span>' + '<i class="white"></i> ' + (res.player2 || '等待玩家');
    // 绘制观众
    res.visitor.length && (this.watcherDom.innerHTML = '玩家 ' + res.visitor.join
(' 加入游戏，<br /> 玩家 ') + ' 加入游戏');
},
```

```
// 在显/隐"开始游戏"按钮的方法中，只需要设置样式即可
// 显示"开始游戏"按钮
showGameStartBtn: function() {
    this.gameStartDom.style.display = 'block'
},
// 隐藏"开始游戏"按钮
hideGameStartBtn: function() {
    this.gameStartDom.style.display = 'none'
},
```

4.13　创建棋盘

"有了绘制棋盘的消息，我们就可以创建棋盘模块了。"小白心想。于是在 js 目录中，创建了 map.js 地图模块文件，初始化了棋盘数组，并且在所有模块都创建完之后发布了创建棋盘的消息。

```
// 棋盘模块
Ickt('Map', {
    // 订阅的消息
    message: {},
    // 构造函数
    initialize: function($gobang) {
        // 定义行数
        this.row = Ickt('line')
        // 定义列数
        this.col = Ickt('line');
        // 创建棋盘二维数组
        this.createMap();
    },
    // 创建地图，在二维数组中第一维表示行，第二维表示列
    createMap: function() {
        // 获取列数
        var col = this.col;
        // 创建行
        this.map = new Array(this.row)
            // 为了能够遍历这个数组，填充 0
            .fill(0)
            // 遍历数组，填充列
            .map(function() {
                // 创建列，为了在后面能够遍历该列中的每个成员，填充 0
                return new Array(col).fill(0)
            })
    },
    // 所有模块创建完（参考生命周期）
    ready: function() {
        // 发布绘制地图的消息
        this.trigger('ui.renderMap', this.map)
    },
})
```

此时小白打开浏览器，导入程序并刷新页面，漂亮的棋盘就出现了，如图 4-3 所示。

▲图 4-3 漂亮的棋盘

4.14 添加棋手

"小白,我们在 js 目录下创建 player.js 玩家模块文件来创建棋手,为了尽早地获取用户名,我们可以在创建前让用户输入名称,并且在模块创建完之后可以向服务器端发送用户名信息,服务器端校验完毕,返回并通知用户的类型——玩家或者观众。"小铭解释说。

实现程序如下。

```
Ickt('Player', {
    // 模块创建前
    beforeInstall: function() {
        // 让用户输入用户名,当前对象指向模块,this 存储的数据将作为模块类的静态数据 (在实例化对象
        // 中,通过 this.consts 方法获取,参考第 2 章中 ickt.js 框架的实现)
        this.username = prompt('请输入用户名! ')
        // 为了方便测试,我们可以随机取一个用户名
        // this.username = '雨夜清荷' + Math.ceil(Math.random() * 1000)
        Ickt({
            // 将用户名添加到全局配置中
            username: this.username,
            // 默认游戏尚未开始
            gameStart: false
        })
    },
    // 所有模块加载完
    ready: function() {
        // 发送给 socket 模块,用户进入游戏信息
        this.trigger('socket.player.init', this.consts('username'))
    },
})
```

4.15 发布消息

"小白,我们可以在 socket.js 的 socket 消息收发模块文件中订阅或者发布 socket 消息,在我们之前实现的服务器端代码中,会监听前端发送的五大消息,除了 disconnect 消息之外,我们都需要在前端监听(当用户离开时,socket 会自动通知服务器端,不需要我们手动发布)。所以我们首先要实现这些消息"。小铭继续解释说,"用户模块创建后,会发送 socket.player.init

消息，我们监听后，要将用户名数据转发给服务器端。当游戏开始后，我们要通知服务器端游戏已经开始，并传递单击'开始游戏'按钮的玩家信息。当玩家下棋时，我们也要将玩家以及棋子的横纵坐标发送给服务器端；当玩家获胜时，我们也要把获胜的玩家信息发送给服务器端。"

实现程序如下。

```
// 定义 Socket 模块
Ickt('Socket', {
    // 注册消息
    message: {
        'socket.player.init': 'playerInit',        // 玩家进入游戏
        'socket.player.choose': 'playerChoose',    // 玩家下棋
        'socket.playerWin': 'playerWin',           // 玩家获胜
        'socket.gameStart': 'gameStart'            // 游戏启动
    },
    // 构造函数
    initialize: function() {
        this.username = Ickt('username');          // 获取用户名
    },
    /***
     * 用户进入游戏，通知服务器端
     * @username      玩家名称
     **/
    playerInit: function(username) {
        this.socket.emit('playerInit', {username: username})
    },
    /***
     * 用户进入游戏，通知服务器端
     * @username          玩家名称
     **/
    gameStart: function() {
        // 将模块中存储的用户名传递给服务器端
        this.socket.emit('gameStart', this.username)
    },
    /***
     * 玩家下棋，要将棋子的横纵坐标传递过去
     * @row           横坐标
     * @col           纵坐标
     **/
    playerChoose: function(row, col) {
        this.socket.emit('playerChoose', {
            row: row,
            col: col,
            player: this.player
        })
    },
    /***
     * 玩家获胜，通知服务器端
     * @data          用户信息
     **/
    playerWin: function(data) {
        this.socket.emit('playerWin', data)
    }
})
```

4.16 接收消息

　　"小白，咱们发布的消息也不是一去不复返的，消息也要有去有回，因此服务器端也要发布消息，咱们可以在 socket 模块中监听。为了让消息能够单独定义（一个模块属性代表一个消息接收方法），我们可以将消息名称定义在静态属性数据中，然后在构造函数中统一订阅。"小铭说。

　　"那我们应该订阅哪些消息呢？"小白问。

　　"当然，订阅的消息也是服务器端返回的，不过通常咱们订阅的消息首先要根据业务需要来筛选，然后与服务器端协商消息，并确定具体信息。这个程序的消息较少，就直接写程序吧。"小铭回答道。

　　实现程序如下。

```
// 定义 Socket 模块
Ickt('Socket', {
// ...
// 模块创建之前
beforeInstall: function() {
    // 消息序列
    this.ACTIONS = [
        'addUser',              // 监听用户进入的消息
        'setPlayer',            // 监听获取用户身份的消息
        'drawPoint',            // 监听玩家下棋的消息
        'gameStart',            // 监听游戏开始的消息
        'showWinPlayer',        // 监听显示获胜玩家的消息
        'waitPlayerChoose',     // 监听等待对手下棋的消息
        'waitGameStart',        // 监听等待游戏开始的消息
        'waitPlayer',           // 监听等待玩家进入游戏的消息
        'drawAllActions',       // 监听绘制之前所有下棋步骤的消息
        'showStartBtn'          // 监听显示"开始游戏"按钮的消息
    ]
},
// 构造函数
initialize: function() {
    this.username = Ickt('username');        // 获取玩家昵称
    this.socket = io();                      // 获取 socket io 对象
    // 注册事件
    this.consts('ACTIONS').forEach(function(msg) {
        // msg 代表消息名称，消息回调函数以 on 开头，采用驼峰式命名，并绑定当前实例化对象
        this.socket.on(msg, this['on' + msg[0].toUpperCase() + msg.slice(1)].bind(this))
    }.bind(this))
},
// 监听用户进入的消息
onAddUser: function(res) {
    // 绘制用户
    this.trigger('ui.drawAllPlayers', res)
},
// 监听获取用户身份的消息
onSetPlayer: function(res) {
    // 如果用户是左侧（黑方）玩家
```

```
        if (res === 'player1') {
            // 设置信息
            Ickt({
                player: 1,
            })
            // 存储信息
            this.player = 1;
        // 如果用户是右侧（白方）玩家
        } else if (res === 'player2') {
            // 设置信息
            Ickt({
                player: 2,
            })
            // 存储信息
            this.player = 2;
        }
    },
    // 展示"开始游戏"按钮
    onShowStartBtn: function(res) {
        this.trigger('ui.showGameStartBtn')
    },
    // 监听玩家下棋的消息
    onDrawPoint: function(res) {
        this.trigger('map.savePlayerChoose', res.row, res.col, res.player)
        this.trigger('ui.renderPlayer', res.row, res.col, res.player)
    },
    // 监听显示获胜玩家的消息
    onShowWinPlayer: function(res) {
        alert('player' + res.player + ': ' + res.username + ' win!')
    },
    // 监听等待对手下棋的消息
    onWaitPlayerChoose: function() {
        alert('请等待对方下棋！')
    },
    // 监听等待游戏开始的消息
    onWaitGameStart: function() {
        alert('请等待游戏开始')
    },
    // 监听等待玩家进入游戏的消息
    onWaitPlayer: function() {
        alert('请等待玩家进入')
    },
    // 监听绘制之前所有下棋步骤的消息
    onDrawAllActions: function(actions) {
        actions.forEach(function(res) {
            this.trigger('map.savePlayerChoose', res.row, res.col, res.player)
            this.trigger('ui.renderPlayer', res.row, res.col, res.player)
        }.bind(this))
    },
    // 监听游戏开始的消息
    onGameStart: function() {
        // 存储游戏开始的配置
        Ickt({gameStart: true})
        this.trigger('ui.hideGameStartBtn')
    },
    // ......
})
```

4.17 事件模块

"小白，现在我们已经可以在进入页面后输入用户名，并且两位棋手加入后，展示"开始游戏"按钮了，接下来我们要实现棋手单击"开始游戏"按钮来开始游戏，以及棋手单击棋盘执行下棋操作等交互了。"小铭说。

"交互就要绑定 DOM 事件吧？"小白问。

"没错，所以我们要在 js 目录下创建 event.js 事件模块文件来绑定事件，并发布消息。"小铭回答道。

"所以我们就要在模块实例化的时候，获取容器及其位置，并且绑定下棋和开始游戏这两个交互事件。"小白说。

"是呀，所以你可以按照你的思路实现事件模块了。"小铭说。

于是小白定义了 event.js 模块。实现代码如下。

```
Ickt('Event', {
    // 构造函数
    initialize: function() {
        // 获取容器
        this.container = document.querySelector(Ickt('container'))
        // 获取棋盘在页面中的起始坐标
        // 横坐标
        this.startX = this.getOffsetLeft(this.container);
        // 纵坐标
        this.startY = this.getOffsetTop(this.container);
        // 棋盘宽度
        this.width = this.container.clientWidth;
        // 棋盘高度
        this.height = this.container.clientHeight;
        // 单元格宽度
        this.cell = Ickt('cell')
        // 共20条线，从0开始计算，所以最后一条线的索引值是 Ickt('line') - 1
        this.lineNum = Ickt('line') - 1;
    },
    // 获取棋盘容器元素距离页面顶部的坐标
    getOffsetTop: function(element) {
        // 获取顶部偏移量
        var top = element.offsetTop;
        // 获取父元素
        var current = element.offsetParent;
        // 逐一遍历父元素
        // 如果父元素存在
        while (current !== null) {
            // 添加父元素的偏移量
            top += current.offsetTop;
            // 获取父元素的父元素
```

```
                current = current.offsetParent;
            }
                // 返回顶部的偏移量
                 return top;
        },
    // 获取棋盘容器元素距离页面左侧的坐标
    getOffsetLeft: function(element) {
            // 获取当前元素左侧的偏移量
            var left = element.offsetLeft;
            // 获取父元素
            var current = element.offsetParent;
            // 逐一遍历父元素
            // 如果父元素存在
            while (current !== null) {
                // 添加父元素的偏移量
                left += current.offsetLeft;
                // 获取父元素的父元素
                current = current.offsetParent
            }
            // 返回左侧的偏移量
            return left;
        },
    })
```

4.18 绑定交互

为了使用户可以单击"开始游戏"按钮,要为"开始游戏"按钮绑定事件。为了使玩家可以下棋,要为棋盘绑定事件。由于棋盘中的元素很多,因此我们可以使用事件委托技术,将事件委托给页面。在事件回调函数中,通过判断事件对象的坐标位置,判断下棋的位置。实现程序如下。

```
Ickt('Event', {
    // ......
    // 模块创建完,绑定事件
    ready: function() {
            // 通过事件委托模式,将事件委托给页面
            document.addEventListener('touchstart', this.touchDOM.bind(this))
        },
    // 事件回调函数
    touchDOM: function(e) {
            // 获取事件坐标
            // 棋盘的列为横坐标
            var col = e.touches[0].pageX - this.startX;
            // 棋盘的行为纵坐标
            var row = e.touches[0].pageY - this.startY;
            // 发布玩家下棋的消息
            this.trigger('player.choose', this.getRowCol(row), this.getRowCol(col))
            // this.trigger('socket.player.choose', this.getRowCol(row), this.getRowCol(col))
            // 如果单击的是"开始游戏"按钮
            if (~e.target.className.indexOf('game-start')) {
                // 游戏开始
                this.trigger('socket.gameStart')
```

```
            // 隐藏"开始游戏"按钮
            this.trigger('ui.hideGameStartBtn')
        }
    }
})
```

<h2>4.19　棋手下棋</h2>

如果在事件模块中发布了 player.choose 消息，就要在玩家模块中订阅这条消息，于是小白打开了 player.js 文件，并注册了消息和实现了 choose 方法。程序如下。

```
Ickt('Player', {
    message: {
        // 玩家下棋的消息
        'player.choose': 'choose'
    },
    // 玩家下棋
    choose: function(row, col) {
        // 判断该位置是否可以下棋子，如果在该位置没有下棋子，返回 true
        var valid = this.trigger('map.item.isValid', row, col)[0]
        // 游戏已经开始，该位置可以下棋子
        if (Ickt('gameStart') && valid && Ickt('player')) {
            // 通知服务器端，玩家要下棋
            this.trigger('socket.player.choose', row, col);
        }
    }
})
```

因为在 player 模块中发布了 map.item.isValid 消息，所以小白又回到 map 模块，注册消息并实现 checkItemIsValid 方法。

```
// 棋盘模块
Ickt('Map', {
    message: {
        // 检测该位置是否可以下棋子
        'map.item.isValid': 'checkItemIsValid',
    },
    /***
     * 检测该位置是否可以下棋子
     * @row              行号（即纵坐标）
     * @col              列号（即横坐标）
     **/
    checkItemIsValid: function(row, col) {
        // 如果该位置是 0，则可以下棋子
        return this.map[row][col] === 0
    },
})
```

<h2>4.20　胜负检测</h2>

"小铭，当棋手下棋后，将消息发送给服务器端，服务器端会广播这条消息，让所有用户接收这条消息，并展示结果，这时我们就应该检测游戏胜负了吧？"小白问。

　　"是的，不过检测游戏胜负的算法很复杂，但职责很单一，写在 map 模块中会使 map 模块更复杂、冗余而且不利于维护，所以我们可以将它抽象出来作为服务，并在构造函数中注入它，让它可以在各个模块中复用。"小铭说。

　　"的确是个好主意。"于是小白在 map 模块中实现了在 Socket 模块接收到服务器端发布的 onDrawPoint 以及 onDrawAllActions 消息后，发布 map.savePlayerChoose 消息的程序。

```
// 棋盘模块
Ickt('Map', {
    message: {
        // 检测该位置是否可以下棋子
        'map.item.isValid': 'checkItemIsValid',
        // 存储棋手下棋的步骤
        'map.savePlayerChoose': 'savePlayerChoose'
        // 'map.checkWinGame': 'checkWinGame'
    },
    // 构造函数，用于注入检测服务
    initialize: function($gobang) {
        // ......
    },
    /***
     * 存储棋手下棋的动作
     * @row                行号（纵坐标）
     * @col                列号（横坐标）
     * @value              棋手的 id
     **/
    savePlayerChoose: function(row, col, value) {
        // 为了检测胜负，将棋手的 id 存储在棋盘数组内
        this.map[row][col] = value
        // 检测游戏是否结束
        this.checkGameOver(value)
    },
    checkGameOver: function(value) {
        // 获取检测结果
        var result = this.checkWinGame()
        // 如果结束
        if (result) {
            // 通知服务器端游戏结束，并展示获胜棋手的名称
            this.trigger('socket.playerWin', {
                id: value
            })
        }
    },
    // 检测游戏获胜情况
    checkWinGame: function() {
        // 如果是棋手，并且横向五子相连或者纵向五子相连或者在斜 45°（或者 135°方向上）五子相连，
        // 则在游戏中获胜
        return Ickt('player') > 0 && (this.$gobang.checkRow(this.map) ||
                    this.$gobang.checkCol(this.map) ||
                    this.$gobang.check45(this.map, Ickt('line')) ||
                    this.$gobang.check135(this.map, Ickt('line')))
    }
})
```

4.21 检测算法

"检测游戏状态之前，小白你先说说棋局在什么状态下玩家获胜了。"小铭说。

"肯定是五子相连了，不过五子相连应该有 4 种情况，应该是横向五子相连、纵向五子相连、45°方向五子相连和 135°方向五子相连。"小白说。

"没错，所以我们就要在五子棋服务中实现这 4 个方法。"小铭说。

于是小铭让小白在 services 目录中创建了 $gobang.js 文件，以实现五子棋服务。具体程序如下。

```
// 五子棋服务
Ickt('$gobang', function() {
    return {
        // 纵向检测五子相连
        checkCol: function(map) {
            // 游戏是否结束（是否有玩家获胜）
            var gameOver = false
            // 纵向要旋转比较，  数组第一维表示行数，第二维表示列数
            // 纵向遍历
            map.forEach(function(arr, index) {
                // 根据当前行 Y 的索引值(如 3)，获取对应列 X 的索引值(如 3)的成员，组成一个数组
                var mergeArr = map.map(function(subArr, subIndex) {
                    // 返回列中对应行的值
                    return subArr[index]
                })
                // 定义相同 id 出现的次数
                var repeat = 1;
                // 在数组中逐一检测
                mergeArr.reduce(function(res, value) {
                    // 如果值不为 0，上一个值也不为 0，两个值相等
                    if (value && res && res === value) {
                        // 重复出现
                        repeat++;
                        // 重复出现次数达到了 5 次
                        if (repeat === 5) {
                            // 游戏结束
                            gameOver = true
                        }
                    } else {
                        // 如果不满足条件，重复出现次数设置为 1
                        repeat = 1;
                    }
                    // 返回当前值，作为下次循环的 res 值
                    return value
                })
            })
            // 返回检测的结果
            return gameOver
        },
        // 横向检测五子相连
```

```
checkRow: function(map) {
    // 游戏是否结束（是否有玩家获胜）
    var gameOver = false
    // 数组第一维表示行数（Y），第二维表示列数（X）
    // 纵向遍历
    map.forEach(function(arr) {
        // 定义相同 id 出现的次数
        var repeat = 1;
        // 遍历每行成员
        arr.reduce(function(res, value) {
            // 如果值不为 0，上一个值也不为 0，两个值相等
            if (value && res && res === value) {
                // 重复出现
                repeat++;
                // 重复出现次数达到了 5 次
                if (repeat === 5) {
                    // 游戏结束
                    gameOver = true
                }
            } else {
                // 如果不满足条件，重复出现次数设置为 1
                repeat = 1;
            }
            // 返回当前值，作为下次循环的 res 值
            return value
        })
    })
    // 返回检测的结果
    return gameOver;
},
// 在数学坐标系中沿 135°（-45°）方向检测
check135: function(map, line) {
    // 沿 45°方向检测，至少有 5 个成员
    // 获取检测起点，索引值超过 line，将获取不到成员
    var rowBegin = colBegin = line - 5;
    // repeat 表示重复次数，value 表示当前的值，row 表示行号，col 表示列号
    var repeat, value, row, col;
    // 如果当前位置索引值大于 0，可以遍历；否则，成员不存在
    // 页面的坐标系是倒置的数学坐标系（数学坐标系中 y 轴的正方向在页面中是负方向）
    // 方向是从左上角到右下角，（在左下部三角区域内）从下向上一条斜线一条斜线地遍历
    while (rowBegin >= 0) {
        // 行号起始位置
        row = rowBegin;
        // 列号起始位置
        col = 0;
        // 重复次数为 1
        repeat = 1;
        // row 大于 col，同时增加，row 先到终点，因此不用判断 col
        while (row < line) {
            // 上一个值不为 0，当前值也不为 0，两个值相等
            if (value && map[row][col] && value === map[row][col]) {
                // 重复出现
                repeat++
                // 重复出现次数达到了 5 次
                if (repeat === 5) {
                    // 游戏结束
```

117

```
                            return true
                        }
                } else {
                        // 如果不满足条件，重复出现次数设置为 1
                        repeat = 1;
                }
                // 获取当前值
                value = map[row][col]
                // 沿 135°方向，行与列同时递增
                row++;
                col++;
            }
            // 遍历行
            rowBegin--;
        }
        // 方向是从左上角到右下角，(在右上部三角区域内) 从右向左一条斜线一条斜线地遍历
        // colBegin = 0 与上面的遍历重复
        while (colBegin > 0) {
            // 行号起始位置
            row = 0;
            // 列号起始位置
            col = colBegin;
            // 重复次数为 1
            repeat = 1;
            // col 大于 row,同时增加，col 先到终点，因此不用判断 row
            while (col < line) {
                // 如果上一个值不为 0，当前值也不为 0，两个值相等
                if (value && map[row][col] && value === map[row][col]) {
                    // 重复出现
                    repeat++
                    // 重复出现次数达到了 5 次
                    if (repeat === 5) {
                        // 游戏结束
                        return true
                    }
                } else {
                    // 如果不满足条件，重复出现次数设置为 1
                    repeat = 1;
                }
                // 获取当前值
                value = map[row][col]
                // 沿 135°方向，行与列同时递增
                row++;
                col++;
            }
            // 遍历列
            colBegin--;
        }
        // 没有获胜方，游戏继续进行
        return false
    },
    // 在数学坐标系中沿 45°(-135°) 方向检测
    check45: function(map, line) {
        // 沿 135°方向检测，至少有 5 个成员,索引值是 4
        // 定义结束位置
        var end = line;
```

```
// 沿 45°方向检测，至少有 5 个成员，起始索引值是 4
var rowBegin = 4;
// 获取检测起点，索引值超过 line，将获取不到成员
var colBegin = end - 5;
// repeat 表示重复次数，value 表示当前的值，row 表示行号，col 表示列号
var repeat, value, row, col;
// 如果当前位置索引值小于总长度，可以遍历；否则，成员不存在
// 页面的坐标系是倒置的数学坐标系（数学坐标系中 y 轴的正方向在页面中是负方向）
// 方向是从左下角到右上角方向（左上部三角区域内），从上向下一条斜线一条斜线地遍历
while (rowBegin <= end) {
    // 行号起始位置
    row = rowBegin;
    // 列号起始位置
    col = 0;
    // 重复次数为 1
    repeat = 1;
    // col 可以加 line 次，row 最多可以减少 line 次，所以 row 比 col 先到达临界点
    while (row >= 0) {
        // 如果上一个值不为 0，当前值也不为 0，两个值相等
        if (value && map[row][col] && value === map[row][col]) {
            // 重复出现
            repeat++
            // 重复出现次数达到了 5 次
            if (repeat === 5) {
                // 游戏结束
                return true
            }
        } else {
            // 如果不满足条件，重复出现次数设置为 1
            repeat = 1;
        }
        // 获取当前值
        value = map[row][col]
        // 沿 45°方向，行与列同时变化
        row--;
        col++;
    }
    // 遍历行
    rowBegin++;
}
// 方向是从左下角到右上角，（在右下部三角区域内）从右向左一条斜线一条斜线地遍历
// colBegin = 0 表示与上面的重复
while (colBegin > 0) {
    // 行号起始位置
    row = end - 1;
    // 列号起始位置
    col = colBegin;
    // 重复次数为 1
    repeat = 1;
    // row 可以加 line 次，col 最多可以减少 line 次，所以 col 比 row 先到达临界点
    while (col < end) {
        // 如果上一个值不为 0，当前值也不为 0，两个值相等
        if (value && map[row][col] && value === map[row][col]) {
            // 重复出现
            repeat++
```

```
                                // 重复出现次数达到了 5 次
                                if (repeat === 5) {
                                    // 游戏结束
                                    return true
                                }
                            } else {
                                // 如果不满足条件，重复出现次数设置为 1
                                repeat = 1;
                            }
                            // 获取当前值
                            value = map[row][col]
                            // 沿 45°方向，行与列同时变化
                            row--;
                            col++;
                        }
                        // 遍历行
                        colBegin--;
                    }
                    // 没有获胜方，游戏继续进行
                    return false
                }
            }
    }))
```

　　最终，通过小铭与小白的努力，实现了《五子棋》游戏程序的开发。两人开心地玩起来，如图 4-4 所示。

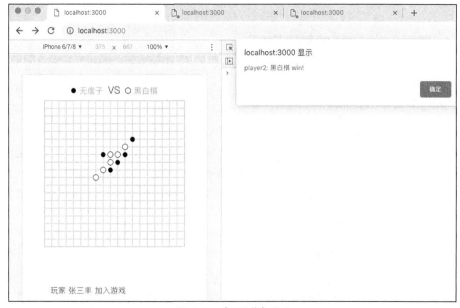

▲图 4-4 　《五子棋》游戏

下一章剧透

在本章中，我们实现了有趣的《五子棋》游戏，也为 Ickt 框架扩展了模块依赖、自定义服务、全局配置以及全局消息的功能。在下一章中，我们将继续讨论如何通过虚拟 DOM 技术来提高页面操作的性能。

我问你答

（1）如何避免玩家伪造游戏胜利的消息呢？

（2）游戏一旦结束，要重启服务器才能重置游戏，请添加一个"重新开始"按钮，单击该按钮，可以重新开始游戏。

附件

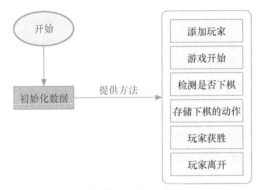

服务器端游戏类的流程图

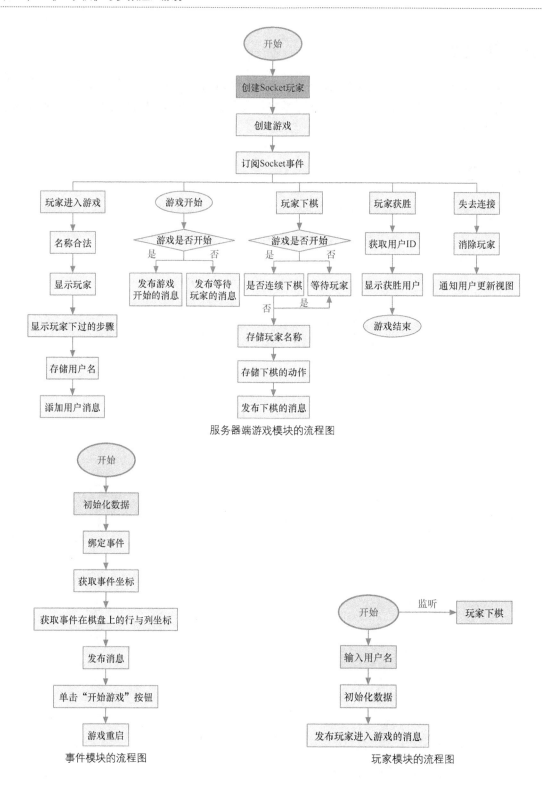

服务器端游戏模块的流程图

事件模块的流程图

玩家模块的流程图

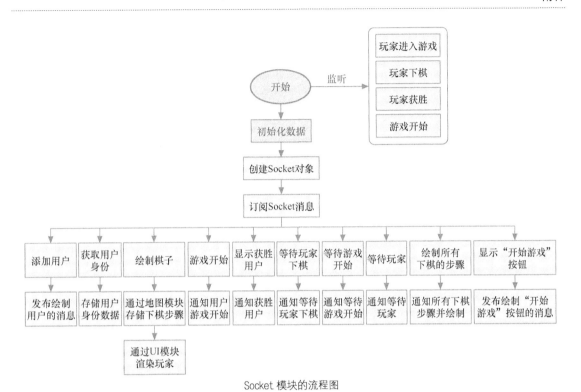

Socket 模块的流程图

地图模块的流程图   UI 模块的流程图

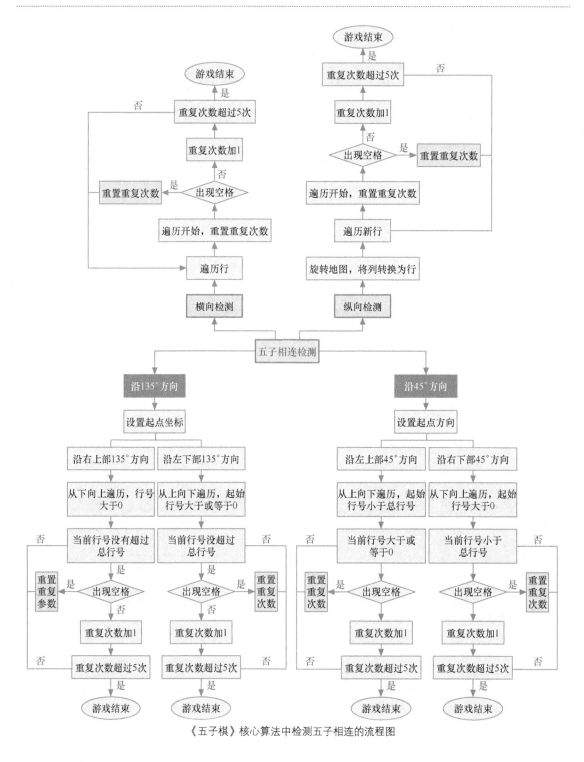

《五子棋》核心算法中检测五子相连的流程图

第 5 章 《2048》与虚拟 DOM

游戏综述

《2048》是一款单人在线移动端游戏。游戏任务是在一个网格上滑动小方格来进行组合，直到形成一个带有数字 2048 的方格。

游戏玩法

该游戏使用方向键让方格整体上下左右移动。如果两个带有相同数字的方格在移动中碰撞，则它们会合并为一个方格，且所带数字变为两者之和。每次移动时，会出现一个值为 2 的新方格。当值为 2048 的方格出现时，游戏玩家即胜利，该游戏因此得名。

项目部署

js：前端模块文件夹。

event.js：事件模块。

map.js：地图模块。

ui.js：视图 UI 模块。

services：服务文件夹。

$2048.js：2048 服务策略文件。

index.html：项目入口文件。

lib：前端库文件夹。

ickt.js：Ickt 核心库文件。

modules：所有内置模块。

vdom.js：虚拟 DOM 模块。

css：全局样式文件夹。

reset.css：全局 reset 样式。

入口文件

```
<!DOCTYPE html>
<html lang="en">
<head>
    <meta charset="UTF-8">
    <link rel="stylesheet" type="text/css" href="../css/reset.css">
    <title>2048 游戏</title>
</head>
<body>
    <div id="app"></div>
<script type="text/javascript" src="../lib/ickt.js"></script>
<script type="text/javascript" src="../lib/modules/vdom.js"></script>
<script type="text/javascript" src="js/event.js"></script>
<script type="text/javascript" src="js/UI.js"></script>
<script type="text/javascript" src="js/mapjs"></script>
<script type="text/javascript">
    Ickt();
</script>
</body>
</html>
```

5.1 火爆游戏——《2048》

"小白，最近有款游戏很火，不知道你是否玩过？"小铭问小白。

"哪款游戏？"还没等小铭问完，小白抢问道。

"《2048》呀，已经发布在 App Store 首页上了，好多人都在下载呢，"小铭说，"所以经理希望我们也能做一款类似的游戏，它可以通过浏览器玩，不用从 App Store 下载，用户只需要打开浏览器就能玩，这岂不是很快捷？"

"确实是个好主意，看来又要大干一场了。"小白说。

"不过，由于《2048》游戏是一款数学游戏，因此最重要的是数学算法。"小铭接着说，"不过除了核心的数学算法之外，我们还要对游戏的业务逻辑进行分层、划分模块，比如，我们可以将视图的绘制放在 UI 模块中，将地图逻辑放在 map 模块中，将事件逻辑放在 event 模块中。"

"嗯，我们也可以将每次使用的一些核心库放在外边，方便各个模块导入同一个文件，这样我们维护这个文件就可以了吗？"小白问道。

"的确，这样做非常好，我们可以将核心库放在项目外部的 lib 目录下，以后可以复用的服务文件、可以复用的模块文件等都放在这里，统一维护，我们也可以将 reset.css 样式文件放在外部的 css 目录中，统一管理和维护，这样就不需要在一个游戏项目中修改了核心文件后，然后到其他游戏项目中逐一改动。"小铭接着说，"咱们这个游戏也是一个 DOM 游戏，因此游戏中会操作大量的 DOM，为了提高游戏性能，我们可以参考 React 框架的虚拟 DOM 思想，在 lib 目录下，创建 modules 目录，来存储虚拟 DOM 模块——vdom.js 文件。关于虚拟 DOM 的实现，后面再讨论，现在咱们先把项目搭建起来。"

说着，小铭与小白就开始创建《2048》游戏了。游戏最后的效果如图 5-1 所示。

▲图 5-1 游戏效果

5.2　青出于蓝而胜于蓝

"小白，现在市面上的《2048》游戏版本虽然很多，但是咱们要做得更有差异化，这样才能吸引更多的玩家，占有更大的市场。市面上的《2048》游戏是 4×4 方格的，咱们让方格的大小是可变的，如 2×2、3×3、4×4……甚至如果你有足够的时间和精力可以玩 8×8 的……"小铭说。

"根据你说的意思，在咱们的游戏中方格数是需要配置的吧？"小白问。

"当然了。"小铭答道。于是小铭在游戏启动前定义方格的数量以及方格的宽度。

实现程序如下。

```
// 定义配置
Ickt({
    // 方格的宽度
    unit: 80,
    // 方格的数量
    num: 4
// 启动游戏
})();
```

"有了这两个配置，我们就可以更灵活地写游戏了，现在咱们开发 UI 视图绘制模块。"小铭说。

5.3　虚拟 DOM

"小白，咱们的视图绘制界面要接收哪些消息来触发视图的绘制呢？"小铭问。

"首先，初始化的时候要绘制。然后，当玩家滑动的时候，我们还要绘制。所以，咱们要监听这两条消息。"小白说。

"没错，不过如果用户每滑动一次，我们就重新绘制一次，这样做是不是很浪费资源呢？"小铭问。

"浪费资源？"小白不解地说。

"嗯，当然了。"于是小铭用手机打开了游戏，操作了几下，然后展示给小白看，"小白，你看，我每次滑动滑块的时候，所有的方格都动了吗？"

"没有，只有那几个滑动了。"小白说。

"所以，对于没有变化的方格，你觉得有必要重新绘制吗？"

"哦，我懂了，"小白恍然大悟地说，"我们只需要重新绘制那几个真正变化的方格就行了？"

"没错！"小铭说。

"可是我们要如何获知哪几个变化了？哪几个没变呢？"小白问道。

"你用没用过 React 框架？在 React 框架中一个很有名的技术就是虚拟 DOM 技术，由于每次 JavaScript 操作页面中 DOM 元素的成本很高，很耗性能，因此 React 就脱离了页面，在 JavaScript 中维护一套虚拟 DOM（本质上是一个 JavaScript 对象）。每次交互，我们都将交互操作的结果映射到虚拟 DOM 上，等到交互结束，我们再将当前的结果与之前状态的虚拟 DOM 做比较（当然，React 中比较虚拟 DOM 的算法（diff 算法）在性能上还是很出色的），找出变化的虚拟 DOM，并将变化的虚拟 DOM 重新映射到页面上。这种思想不就可以满足我们的需求吗？"小铭解释道。

"果然是 React 框架，思想真的很不错，所以我们也要创建一个 VDom 模块来管理与维护虚拟 DOM 吗？"小白说。

"当然了，并且我们希望以后在其他的游戏项目中也能使用虚拟 DOM 技术，所以我们要抽象出一个可以复用的模块。另外，我们要在 lib 目录下面定义 modules 目录，存储 VDom 模块。在模块内部我们要存储一个状态的虚拟 DOM，并且提供比较当前虚拟 DOM 和上一个状态的虚拟 DOM 的方法。当虚拟 DOM 发生变化时，我们发布重新渲染的消息。当然，当游戏初始化的时候，也要发布一个初始化视图的消息。发布渲染视图的消息，说明虚拟 DOM 要发布 UI 消息，因此可以让虚拟 DOM 模块依赖 UI 模块。"小铭说。

具体程序如下。

```
// 虚拟 DOM 模块
Ickt('VDom', {
    // 要发布 UI 消息，因此依赖 UI 模块
    dependences: ['UI'],
    // 注册消息
    message: {
        // 视图初始化消息
        'vdom.initView': 'initView',
        // 更新渲染视图的消息
        'vdom.render': 'render'
    },
    // 构造函数
    initialize: function() {
        // 在构造函数中，初始化默认状态的虚拟 DOM
        this.vdoms = []
    },
    /***
     * 初始化视图
     * @data         传递的数据
```

```
            **/
        initView: function(data) {
            // 更新完虚拟 DOM，发布初始化视图的消息
            this.trigger('ui.initView', this.merge(data))
        },
        /***
         * 更新渲染视图消息的回调函数
         * @data           传递的数据
         **/
        render: function(data) {
        // 对比上一个状态的虚拟 DOM
        var result = this.merge(data);
        // 如果有需要更新的虚拟 DOM
        if (result.length) {
            // 更新视图
            this.trigger('ui.render', result);
        }
    },
    /***
     * 对比上一个状态的虚拟 DOM
     * @data          传递的数据
     **/
    merge: function(data) {
        // 比较结果
        var diff = [];
        // 遍历行数据
        data.forEach(function(arr, row) {
            // 在棋牌（方格）类游戏中，虚拟 DOM 存储在一个二维数组中，row 代表行，col 代表列
            if (!this.vdoms[row]) {
                // 列数组不存在，初始化空数组
                this.vdoms[row] = [];
            }
            // 遍历列数组中每一个成员
            arr.forEach(function(value, col) {
                // 如果值发生了改变
                if (this.vdoms[row][col] !== value) {
                    // 存储发生改变的虚拟 DOM
                    diff.push({
                        row: row,
                        col: col,
                        value: value
                    })
                    // 更新内部维护的虚拟 DOM，由于是值类型，因此可以直接赋值
                    this.vdoms[row][col] = value;
                }
            }.bind(this))
        }.bind(this))
        // 返回比较结果
        return diff;
    }
})
```

5.4 绘制视图

　　"有了虚拟 DOM 模块，我们就可以开始开发绘制视图的模块了吧？"小白问。

　　"是呀，对于虚拟 DOM 中发布的两条消息——ui.initView 和 ui.render 消息，我们需要注册。不过需要注意的是，我们定义的虚拟 DOM 模块只是应用程序与页面之间的一个模块，该模块负责性能优化，是不会影响业务逻辑正常执行的。因此，我们移除虚拟 DOM，直接向 UI 模块发布两条消息，视图也是可以正常更新的，只不过失去了优化性能的作用。"小铭说。

　　于是小白定义了视图模块，并且订阅了 ui.initView 和 ui.render 消息，由于这里方格的数量是可变的，因此使用了全局的配置数据。

　　实现程序如下。

```
// 视图绘制模块
Ickt('UI', {
    // 定义全局默认配置数据
    globals: {
        // 方格宽度
        unit: 80,
        // 方格数量
        num: 4,
        // 容器
        container: 'app'
    },
    // 注册消息
    message: {
        // 初始化视图
        'ui.initView': 'initView',
        // 渲染视图
        'ui.render': 'render'
    },
    // 构造函数
    initialize: function() {
        // 获取方格容器的尺寸：方格之间的间距是方格宽度的1/4，假设一行有 4 个方格，
        // 容器两边的间距也是方格宽度的1/4
        var size = Ickt('unit') * (Ickt('num') * 1.25 + 0.25);
        // 获取容器
        this.container = document.getElementById(Ickt('container'));
        // 设置容器样式
        this.container.style = 'width: ' + size + 'px; height: ' + size + 'px;
margin: 20px auto; background: gray; position: relative;';
        // 缓存 DOM 元素，防止每次渲染时再次获取
        this.doms = [];
    },
    // 初始化视图
    initView: function(map) {
        var me = this;
    // 遍历需要更新的数据
    map.forEach(function(obj) {
        // 根据数据创建 DOM
        var item = me.create(obj.value, obj.row, obj.col);
        // 存储 DOM 到对应的位置
        me.doms[obj.row] = me.doms[obj.row] || [];
        me.doms[obj.row][obj.col] = item
    })
```

```
        },
        // 渲染更新的数据
        render: function(diffs) {
            var me = this;
            // 遍历已经更新的数据
            diffs.forEach(function(obj) {
                // 更新元素
                me.updateDom(me.doms[obj.row][obj.col], obj.value)
            })
        },
        // 更新 DOM
        updateDom: function(dom, value) {
            // 设置内容
            dom.innerHTML = value;
            // 数字大于 0，显示该元素
            dom.style.display = value ? 'block' : 'none'
        },
        // 创建元素
        create: function(value, top, left) {
            // 创建 DOM
            var dom = document.createElement('div');
            // 添加样式
            dom.style.background = "#ccc";
            dom.style.textAlign= "center";
            dom.style.position = "absolute";
            dom.style.fontSize = this.getFontSize(value) + "px";
            dom.style.lineHeight = Ickt('unit') + "px";
            dom.style.width = Ickt('unit') + "px";
            dom.style.height = Ickt('unit') + "px";
            dom.style.top = this.getSize(top)  + 'px';
            dom.style.left = this.getSize(left) + 'px';
            // 复用 updateDom 更新内容以及显/隐
            this.updateDom(dom, value);
            // 渲染元素
            this.container.appendChild(dom);
            // 返回创建的 DOM
            return dom;
        },
        // 获取字体大小
        getFontSize: function(value) {
            // 位数越长，字体越小（因为空间有限）
            return 50 - 5 * String(value).length;
        },
        // 获取位置
        getSize: function(val) {
            // 获取方格的单位长度
            var unit = Ickt('unit');
            // 返回位置
            return unit * 0.25 + unit * 1.25 * val;
        }
    })
```

5.5 地图模块

"有了 UI 模块，我们就可以创建地图模块了，关于地图模块，小白，你怎么看？"小铭问。

"因为《2048》游戏不需要多个玩家加入，所以咱们没有引入玩家模块，直接定义地图模块。另外，在地图模块中应该可以捕获玩家上下左右滑动的动作，并且还要根据用户的交互动作，对地图中存储的所有方格数据进行处理。"小白说。

"没错，不过需要补充的是，当初始化或者当交互处理完成的时候，还要通知 UI 去渲染视图。由于我们引入了虚拟 DOM 来优化视图渲染，因此我们要向虚拟 DOM 模块发送消息，地图模块依赖于事件模块以及虚拟 DOM 模块。另外，将游戏的算法写在地图模块中，会导致地图模块更复杂，所以我们可以将算法拆分出来，作为该游戏特有的服务，并且在构造函数中注入。"小铭说。

实现程序如下。

```
// 地图模块
Ickt('Map', {
    // 地图模块依赖于事件模块以及虚拟 DOM 模块
    dependences: ['Event', 'VDom'],
    // 订阅键盘消息
    message: {
        // 向左滑动
        'event.left': 'moveRightToLeft',
        // 向右滑动
        'event.right': 'moveLeftToRight',
        // 向上滑动
        'event.up': 'moveDownToUp',
        // 向下滑动
        'event.down': 'moveUpToDown'
    },
    // 构造函数，注入 $2048 模块
    initialize: function($2048) {
        // 每行长度
        this.num = Ickt('num');
        // 创建地图
        this.createMap();
        // 初始化方格
        this.initBlock();
    },
    // 模块创建完
    ready: function() {
        // 初始化视图
        this.trigger('vdom.initView', this.map)
    },
    // 创建地图
    createMap: function() {
        // 获取每行长度
        var num = this.num;
        // 地图是个二维数组，为了能够调用迭代器方法和遍历数组，填充默认数据
        this.map = new Array(num)
            .fill(0)
            .map(function() {
                return new Array(num).fill(0)
            })
```

```
        },
        // 在地图中随机指定一个位置
        random: function(num) {
            // 位置要是 0 到 num 的整数（可以是 0）
            return Math.random() * num >> 0;
        },
        // 初始化方格
        initBlock: function() {
            // 在[1, 1]位置初始化
            this.map[1][1] = 2
            // 如果长度不小于 4
            if (Ickt('num') >= 4) {
                // 在[1, 3]位置初始化
                this.map[1][3] = 2
            }
        },
        // 创建方块
        createBlock: function() {
            // 随机产生行坐标
            var row = this.random(this.num)
            // 随机产生列坐标
            var col = this.random(this.num)
            // 如果该位置没有成员
            if (!this.map[row][col]) {
                // 设置默认值 2
                this.map[row][col] = 2
            // 如果该位置有成员，并且还有空余位置
            } else if (!this.$2048.checkNoPosition(this.map)) {
                // 继续创建
                this.createBlock();
            }
            // 剩余的情况是：没有剩余位置，但是还可以合并方格
        },
        // 更新地图
        updateMap: function() {
            // 创建方格
            this.createBlock();
            // 更新虚拟 DOM
            this.trigger('vdom.render', this.map)
            // 如果没有位置了，并且不能继续玩下去，游戏结束
            if(this.$2048.checkNoPosition(this.map) && this.$2048.checkGameOver (this.map)){
                alert('游戏结束')
            }
        },
        // 向左滑动
        moveRightToLeft: function() {
            // 从右向左合并列
            this.$2048.combineMap(this.map, false)
            // 更新地图
            this.updateMap()
        },
        // 向右滑动
        moveLeftToRight: function() {
            // 从左向右合并列
            this.$2048.combineMap(this.map, true)
```

```
        // 更新地图
        this.updateMap()
    },
    // 逆时针旋转 90°，向上滑动就是向左滑动
    // 向上滑动就是向左滑动
    moveDownToUp: function() {
        // 旋转地图并合并
        this.$2048.rotateMap(this.map, false);
        // 更新地图
        this.updateMap()
    },
    // 逆时针旋转 90°，向下滑动就是向右滑动
    // 向下滑动就是向右滑动
    moveUpToDown: function() {
        // 旋转地图并合并
        this.$2048.rotateMap(this.map, true);
        // 更新地图
        this.updateMap()
    },
})
```

开发完地图模块，小铭对小白说："现在我们有两件事要做。首先我们要定义事件模块，实现用户的交互。其次我们要实现《2048》游戏的核心算法。我们先从简单的入手，开发事件模块。"

5.6　事件交互

"小白，为了方便测试，我们可以选择 PC 端浏览器进行测试，并且我们还可以用键盘上的方向键简化鼠标的滑动交互。等到开发完，我们再换成手机端的交互。"小铭说。

"这样的话，我们只需要为页面绑定键盘事件就可以了吧？"小白问。

"是的，所以事件模块由你来实现吧。"小铭说。

于是，小白在 js 目录下定义了 event.js 事件模块文件，并为页面绑定了键盘上的 4 个方向键的交互。

实现程序如下。

```
// 事件模块
Ickt('Event', {
    // 构造函数
    initialize: function() {
        // 绑定事件
        this.bindEvent();
    },
    bindEvent: function() {
        // 绑定键盘事件
        window.addEventListener('keydown', function(e) {
            // 判断按键的值
```

```
        switch(e.keyCode) {
            // 上
            case 38:
                // 发布向上滑动的消息
                this.trigger('event.up', e.keyCode);
                break;
            // 右
            case 39:
                // 发布向右滑动的消息
                this.trigger('event.right', e.keyCode);
                break;
            // 下
            case 40:
                // 发布向下滑动的消息
                this.trigger('event.down', e.keyCode);
                break;
            // 左
            case 37:
                // 发布向左滑动的消息
                this.trigger('event.left', e.keyCode);
                break;
        // 空格键
        case 32:
            // 发布单击空格键的消息
            this.trigger('event.space', e.keyCode);
            break;
        // Enter 键
        case 13:
            // 发布按 Enter 键的消息
            this.trigger('event.enter', e.keyCode);
            break;
        }
    }.bind(this), false)
    }
}))
```

5.7 核心算法

在程序中完成事件绑定后，小铭与小白一起探讨游戏的核心——《2048》的算法问题。

"小白，关于游戏的算法，你怎么看？"小铭问。

"按照试玩的体验来说，当用户滑动游戏中的方格的时候，我们首先要按照用户滑动的方向，将数字相同的方格合并，如果方格之间存在空白，还要将空白去掉。"小白说。

"是的，由于用户有上下左右 4 个滑动方向，因此我们要按照 4 个方向处理。不过好在上下和左右方向是互斥的，只要实现一个，另一个按照相反的方向处理即可，这样就简化了算法，不过和左右滑动比较，上下滑动不是处理相反方向那么简单，并且上下方向的同一列成员不在同一个数组内，处理起来不像左右方向的成员在同一个数组中那么方便。"小铭说。

“那我们该怎么办呢？”小白问。

“有了，我们可以将游戏的地图看成一个矩阵，如果可以逆时针旋转 90°，那么上下方向就变成了左右方向，这样就可以复用左右方向的算法了。”小铭说。

“对呀！这样我们将算法写一遍，就可以在 4 个方向复用了。”小白说。

“嗯，最后，检测是否有空位置就是连续判断每一行是否为空，检测游戏结束就是检测横向或者纵向是否有两个相同数字的方格，如果有数字相同的方格，玩家就可以继续滑动方格。”小铭说着将核心算法写了出来，如下所示。

```javascript
Ickt('$2048', function() {
    return {
        // 检测是否有空位置
        checkNoPosition: function(map) {
            // 遍历每一行
            return map.every(function(arr) {
                // 遍历每一列的每个成员，看值是否大于 0
                return arr.every(function(value) {
                    return value
                })
            })
        },
        // 检测游戏是否结束
        checkGameOver: function(map) {
            // 默认游戏已经结束
            var gameOver = true;
            // 横向或者纵向有数字相同的方格,它们还能合并，游戏尚未结束
            map.forEach(function(arr) {
                // 逐一比较
                arr.reduce(function(res, value) {
                    // 如果当前的值不为 0，上一个值不为 0，两个值相等
                    if (value && res && res === value) {
                        // 游戏还可以继续
                        gameOver = false;
                    }
                    // 返回当前值
                    return value;
                })
            })

            // 纵向要旋转比较
            map.forEach(function(arr, index) {
                // 根据当前行的索引值(如 3)，获取所有列中对应当前行索引值(如 3)的成员，组成新数组
                var mergeArr = map.map(function(subArr, subIndex) {
                    return subArr[index]
                })
                // 逐一比较,有数字相同的方格,它们还能合并，游戏尚未结束
                mergeArr.reduce(function(res, value) {
                    // 如果当前的值不为 0，上一个值不为 0，两个值相等
                    if (value && res && res === value) {
```

```
                        // 游戏还可以继续
                        gameOver = false;
                    }
                    // 返回当前值
                    return value;
                })
        })
        // 返回判断结果
        return gameOver
    },
    /***
     * 横向合并
     * @map                地图数据
     * @leftToRight         是否是由左向右比较
     **/
    combineMap: function(map, leftToRight) {
        // 依次遍历，执行合并操作
        map.forEach(function(arr, index, map) {
            // 先合并再排序
            this.merge(arr, leftToRight)
            // 对于当前行重新排序
            map[index] = this.sort(arr, leftToRight);
        }.bind(this))
    },
    /***
     * 旋转矩阵
     * @map                地图数据
     * @leftToRight         是否是由左向右比较
     **/
    rotateMap: function(map, leftToRight) {
        // 遍历数组
        // [
        //     [0, 0, (0), 0]
        //     [0, 0, (0), 0]
        //     [0, 0, (0), 0]
        //     [0, 0, (0), 0]
        // ]
        // 融入排序
        map.forEach(function(arr, index) {
            // 根据当前行的索引值(如3)，获取所有列中对应当前行索引值(如3)的成员，组成新数组
            var mergeArr = map.map(function(subArr, subIndex) {
                return subArr[index]
            })
            // 合并新数组
            this.merge(mergeArr, leftToRight)
            // 进行排序
            var sortArr =  this.sort(mergeArr, leftToRight);
            // 将结果同步到原数组
            sortArr.forEach(function(sortItem, sortIndex) {
                // 将 merge 中的每个成员添加到原 map 数组原位置
                map[sortIndex][index] = sortItem
            })
        }.bind(this))
```

```
    },
    /***
     * 比较并合并数组内相同的成员
     * @arr                    数组
     * @leftToRight            是否是由左向右比较
     **/
    merge: function(arr, leftToRight) {
        // 使用迭代器模式，避免使用循环
        // 如果从左向右滑动方格，应从右侧开始合并；如果从右向左滑动方格，应从左侧开始合并
        var lastIndex = leftToRight ? arr.length - 1 : 0;
        arr[leftToRight?'reduceRight':'reduce'](function(res,value, index,arr){
            // 如果 value 存在
            if (value) {
                // 如果 res 存在，并且与 value 相同
                if (res && res === value) {
                    // res 放大 2 倍
                    res *= 2;
                    // 更新值
                    arr[lastIndex] = res
                    // 合并后，清空当前的数据
                    arr[index] = 0;
                    // 返回合并后的数据
                    return res;
                } else {
                    // 缓存这一次的 index
                    lastIndex = index;
                    // 如果不相同，停止 res 的判断，进行 value 判断
                    return value;
                }
            } else {
                // 如果 value 不存在，返回上一个 res
                return res;
            }
        })
        // 返回结果
        return arr;
    },
    /***
     * 对合并后的结果重新排序
     * @arr                    数组
     * @leftToRight            是否是由左向右比较
     **/
    sort: function(arr, leftToRight) {
        // 创建结果数组（与原数组方格数相同）
        var result = new Array(Ickt('num')).fill(0);
        // 从第一个成员开始遍历
        var i = 0;
        // 如果由左向右滑动方格，应该从后向前遍历，所以要反转，等遍历完成后，再反转回来
        arr = leftToRight ? arr.reverse() : arr;
        // 遍历成员，去除数字之间的空白
        arr.forEach(function(item) {
            // 如果不是 0
            if (item) {
```

```
                    // 添加成员
                    result[i++] = item;
                }
            })
            // 如果由左向右滑动方格，需要反转回来
            return leftToRight ? result.reverse() : result;
        }
    }
})
```

5.8 愉快体验

《2048》游戏开发完，小铭和小白打开浏览器并导入游戏程序，按着键盘上的 4 个方向键，开心地玩了起来，效果如图 5-2 所示。

▲图 5-2　游戏效果

下一章剧透

在开发游戏中我们发现，事件消息注册在地图模块中了。这相当于地图模块和事件模块的依赖耦合在一起，并且我们有时候需要在 PC 端测试，有时候需要在手机端使用，触发的事件也就不一致了。如何解决这类问题呢？在下一章中我们将抽象事件模块，实现全局事件消息的注册与配置。

我问你答

假定玩家得到了《2048》游戏的结果，如何在游戏中添加检测获胜的逻辑呢？

附件

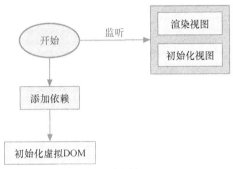

虚拟 DOM 模块的流程图

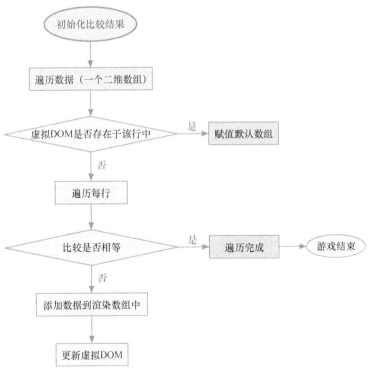

虚拟 DOM Diff 算法的流程图

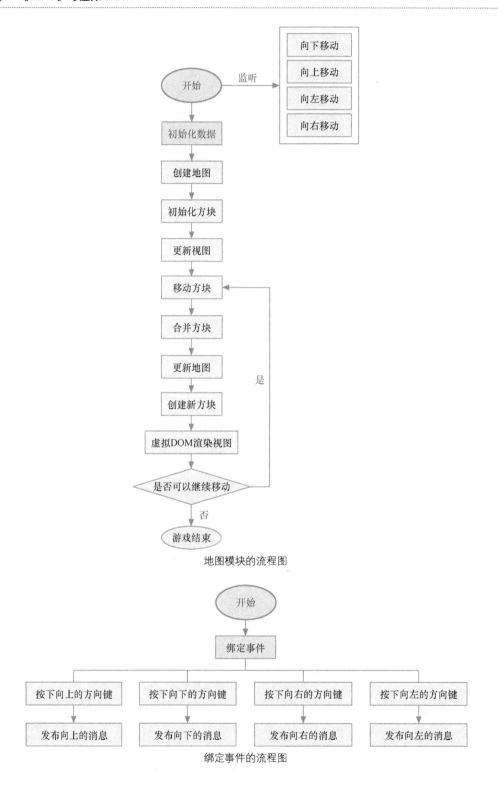

地图模块的流程图

绑定事件的流程图

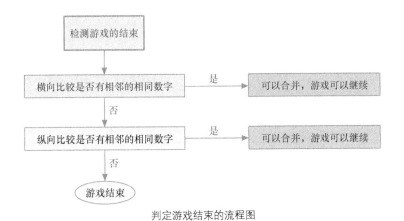

判定游戏结束的流程图

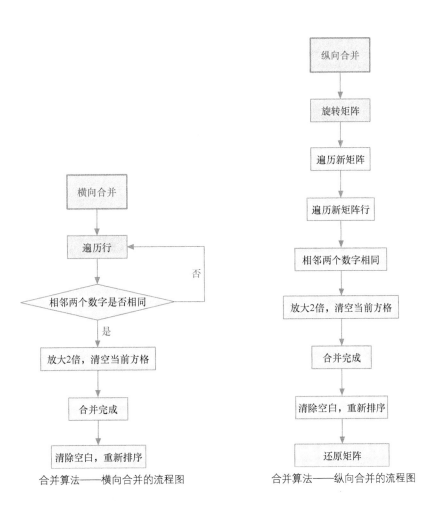

合并算法——横向合并的流程图 　　　　合并算法——纵向合并的流程图

第6章 《拼图》游戏与触屏事件

游戏综述

　　《拼图》是一种解决平面空间填充和排列难题的游戏，要求玩家将数枚印有局部图案的方块进行组合，把全部方块拼接起来构成一幅几何平面（一般为矩形），平面上将展现出完整的图案。

游戏玩法

　　将整张图片均等地切割成多个方块，每个方块代表整个图片中一个区域的图案，在规定的时间内，移动这些方块，使其组合成完整的图案。如果在规定的时间内组合成了标准图案，则游戏成功；如果在规定的时间内没有组合成标准图案，则游戏失败。

项目部署

css：样式文件夹。

style.css：全局样式。

img：图片文件夹（相关图片省略）。

js：前端模块文件夹。

map.js：地图模块。

process.js：游戏进度模块。

ui.js：视图 UI 模块。

index.html：项目入口文件。

lib：前端库文件夹。

ickt.js：Ickt 核心库文件。

modules：所有内置模块。

event.js：事件模块。

vdom.js：虚拟 DOM 模块。

services：所有内置服务。

element.js：DOM 操作服务。

css：全局样式文件夹。

reset.css：全局 reset 样式。

入口文件

```
index.html 文件
<!DOCTYPE html>
<html lang="en">
<head>
    <meta charset="UTF-8">
    <meta name="viewport" content="initial-scale=1,maximum-scale=1,minimum-scale=1,
user-scalable=no,width=device-width">
    <link rel="stylesheet" type="text/css" href="../css/reset.css">
    <title>拼图游戏</title>
```

```
</head>
<body>
    <div id="app"></div>
<script type="text/javascript" src="../lib/ickt.js"></script>
<script type="text/javascript" src="../lib/modules/event.js"></script>
<script type="text/javascript" src="../lib/modules/vdom.js"></script>
<script type="text/javascript" src="../lib/services/element.js"></script>
<script type="text/javascript" src="js/map.js"></script>
<script type="text/javascript" src="js/process.js"></script>
<script type="text/javascript" src="js/ui.js"></script>
<script type="text/javascript">
    Ickt();
</script>
</body>
</html>
```

6.1　说做就做

"小白，你在玩什么呢？"小铭问。

"《拼图》游戏，拼了一上午就是拼不成功。"小白垂头丧气地说。

"《拼图》游戏？是要按照标准的参考图来拼吗？"小铭问。

"是呀，可是总有一块图案怎么也拼不上去，真想把它弄下来然后重新组装上。"小白生气地说。

"哈哈，那这样玩游戏就没有意义了。"小铭挠了挠头，灵机一转对小白说，"小白，要不咱们开发一个《拼图》游戏吧。"

"开发《拼图》游戏？听起来很不错呀。我要准备什么呢？"小白问。

"不用准备什么东西，现在就开发。拼图无非就是参考一张图片，移动局部图片将图片完整地拼接出来，所以我们需要一个绘制视图的 UI 模块、发布这些交互事件消息模块，以及操作这些局部图片的模块。为了让用户在有限的时间内将图片拼出（见图 6-1），我们还需要一个计时模块。"小铭说完就让小白创建 index.html 文件，并导入了之前已经开发好的 ickt.js 与 vdom.js 共用库文件以及样式 reset.css 文件。最后在当前项目目录的 js 文件夹下定义了 map.js、process.js、ui.js、event.js 文件，并在 index.html 文件导入它们。

▲图 6-1　《拼图》游戏

6.2 事件模块

正当小白准备开发各个模块的时候，小铭打断了小白的思路："小白，在上一个项目中，我们绑定交互并定义了事件模块，而我们今天还需要定义事件模块来解决交互问题，如果在下一个游戏中也有交互问题，我们还需要定义事件模块吗？"

"你的意思是说我们要抽象事件模块，从而让事件模块在各个游戏项目中复用吗？"小白问。

"说对了，小白，你想想，在所有的游戏交互中涉及几个事件，因此我们可以定义一个通用的事件模块，然后将所有的移动端常用事件封装进来，并订阅全局消息，这样如果每个模块需要这些交互事件消息，在自己的模块中订阅事件回调函数不就可以了吗？这可是个一劳永逸的解决方案，以后我们就再也不用创建事件模块了。"小铭对小白说。

"是呀，不过我们应该如何设计事件模块呢？"小白问。

"你这个问题算是问到点子上了，由于在不同的项目中到底有哪些元素是不确定的，因此对于事件模块来说，如果为每个 DOM 都绑定事件，最好的方式是使用事件委托模式，直接委托给容器元素，我们可以用 touchDOM 表示容器元素。有时候用户可能会缩放页面，因此我们也要获取缩放比 scale。"小铭和小白边交流边开发程序，具体程序如下。

```
Ickt('Event', {
    // 全局配置
    globals: {
        // 缩放比默认是 1
        scale: 1,
        // 事件委托的容器元素默认是 body
        touchDOM: 'body'
    },
    // 模块创建完
    ready: function() {
        // 存储缩放比
        this.scale = Ickt('scale');
        // 确定容器元素
        this.ensureDOM();
    },
    ensureDOM: function() {
        // 获取事件委托元素
        this.touchDOM = document.querySelector(Ickt('touchDOM'));
    },
})
```

6.3 注册全局消息

接下来，我们分析要监听哪些事件。为了满足更多的游戏项目交互事件绑定的要求，我们

147

要尽可能包含移动端的交互操作事件。在滑动（swipe）事件中，为了确定用户是否滑动，可以定义一个触发滑动的最短距离。在长按事件中，为了确定用户是长时间按下，而不是在屏幕上轻拍，我们要确定长按操作的最短时间。为了能够在浏览器端模拟，我们还可以简单绑定一些键盘事件。于是小铭将注册全局消息。

```
beforeInstall: function() {
    // 如果按下的时长超过 500ms，触发长按事件
    this.LONG_TAP_DELAY = 500;
    // 如果移动了 75 像素的距离，触发滑动事件
    this.SWIPE_DESTENCE = 75;
    // 全局绑定的事件消息
    this.EVENT_NESSAGE = [
        'event.touchStart',          // 手指接触到手机屏幕
        'event.touchMove',           // 手指在屏幕上移动
        'event.touchEnd',            // 手指离开手机屏幕
        'event.touchCancel',         // 手指取消接触手机屏幕（如来电话了）
        'event.tap',                 // 手指在手机屏幕上轻拍
        'event.doubleTap',           // 手指在手机屏幕上轻拍两次
        'event.longTap',             // 手指长时间按在手机屏幕上
        'event.swipe',               // 手指在手机屏幕上滑动
        'event.swipeUp',             // 手指在手机屏幕上向上滑动
        'event.swipeDown',           // 手指在手机屏幕上向下滑动
        'event.swipeLeft',           // 手指在手机屏幕上向左滑动
        'event.swipeRight',          // 手指在手机屏幕上向右滑动
        'event.up',                  // 按键盘上向上的方向键
        'event.down',                // 按键盘上向下的方向键
        'event.left',                // 按键盘上向左的方向键
        'event.right',               // 按键盘上向右的方向键
        'event.space',               // 按键盘上的空格键
        'event.enter',               // 按键盘上的 Enter 键
        'event.keyDown',             // 按键按下
        'event.keyUp'                // 按键弹起
    ]
    // 遍历全局消息
    this.EVENT_NESSAGE.forEach(function(key) {
        // 注册全局消息(生命周期)
        Ickt.registGlobalMessage(key)
    }.bind(this))
},
```

6.4　订阅事件

触发事件后，要识别触发动作，我们不要立即触发这些事件，最好延迟并异步判断，所以我们可以在构造函数中定义轻拍、长按、滑动事件的定时器句柄，并且定义事件对象来存储事件的相关信息，然后在项目创建完的时候绑定事件。

实现程序如下。

```
// 构造函数
initialize: function() {
```

```
        // 事件对象，用于存储事件信息
        this.touch = {};
        // 轻拍事件的定时器句柄
        this.tapTimeout = null;
        // 滑动事件的定时器句柄
        this.swipeTimeout = null;
        // 长按事件的定时器句柄
        this.longTapTimeout = null;
    },
    // 模块创建完
    ready: function() {
        // ……
        // 绑定事件
        this.bindEvent();
    },
    // 确定容器元素
    ensureDOM: function() {
        // 获取事件委托元素
        this.touchDOM = document.querySelector(Ickt('touchDOM'));
    },
    // 绑定事件
    bindEvent: function() {
        // 手指触摸手机屏幕
        this.bind(this.touchDOM, 'touchStart')
        // 手指在屏幕上移动
        this.bind(this.touchDOM, 'touchMove')
        // 手指离开手机屏幕
        this.bind(this.touchDOM, 'touchEnd')
        // 手指取消接触手机屏幕（如来电话了）
        this.bind(this.touchDOM, 'touchCancel')
        // 滚动页面，等价于取消滑动
        this.bind(window, 'scroll', 'touchCancel')
        // 通过键盘模拟滑动事件
        this.bind(window, 'keyDown')
        // 按键弹起
        this.bind(window, 'keyUp')
    },
    /***
     * 绑定事件方法
     * @dom        绑定事件的容器元素
     * @type       事件类型
     * @fn         事件回调函数
     **/
    bind: function(dom, type, fn) {
        // 绑定事件，如果传递了事件回调函数，就使用事件回调函数；否则，使用事件名称作为事件回调函数的名称
        dom.addEventListener(type.toLowerCase(),(this[fn]||this[type]).bind(this),false)
    },
```

6.5　解析事件

　　事件绑定后，为了实现手指触摸手机屏幕、手指在屏幕上移动以及手指离开屏幕事件，要记录事件触发的位置，并根据手指移动的距离，计算出移动的方向。根据触摸的时间，判断出触发哪类触屏事件。

实现程序如下。

```
/***
 *  手指触摸手机屏幕的回调函数
 *  @e              事件对象
 **/
touchStart: function(e) {
    // 获取当前时间，因为在事件数据对象中要存储时间
    var now = Date.now();

    var isDouble = now - (this.touch.last || now);
    // 在 250ms 内连续触发两次，就表示双击
    if (isDouble > 0 && isDouble < 250) {
        // 存储双击信息
        this.touch.isDoubleTap = true;
    }
    // 记录本次触发事件的时间
    this.touch.last = now;
    // 获取页面横坐标
    this.touch.x1 = e.touches[0].pageX;
    // 获取页面纵坐标
    this.touch.y1 = e.touches[0].pageY;
    // 启动长按计时器，发布长按事件
    this.longTapTimeout = setTimeout(this.longTap.bind(this), this.consts('LONG_TAP_DELAY'));
    // 发布手指触摸手机屏幕的事件
    this.trigger('ickt.event.touchStart', this.getTouchEvent())
},
/***
 *  手指在屏幕上移动回调函数
 *  @e              事件对象
 **/
touchMove: function(e) {
    // 手指移动，不是长按事件，要取消长按事件
    this.cancelLongTap();
    // 获取此时事件的横坐标
    this.touch.x2 = e.touches[0].pageX;
    // 获取此时事件的纵坐标
    this.touch.y2 = e.touches[0].pageY;
    // 移动的距离超过 10 像素
    if (Math.abs(this.touch.x1 - this.touch.x2) > 10) {
        // 阻止页面滚动
        // 兼容谷歌滚动优化，阻止前，首先检测能否阻止
        // 可以阻止，并且尚未阻止
        if (e.cancelable && !e.defaultPrevented) {
            e.preventDefault()
        }
    }
    // 发布手指移动的消息
    this.trigger('ickt.event.touchMove', this.getTouchEvent(true))
},
/***
 *  手指离开手机屏幕的回调函数
 *  @e              事件对象
 **/
touchEnd: function(e) {
```

```
        // 手指离开屏幕后，如果长按事件仍然没有触发，将取消触发
        this.cancelLongTap();
        // 如果手指移动过，并且移动的距离大于配置中的手指移动最短距离
        if(this.touch.x2!==undefined&&this.touch.y2!==undefined&&this.getDestence()>=
        this.consts('SWIPE_DESTENCE')) {
                // 发布滑动事件
                this.swipe()
        } else {
                // 发布轻拍事件
                this.tap();
        }
        // 发布手指离开手机屏幕的事件
        this.trigger('ickt.event.touchEnd', this.getTouchEvent(true))
    },
    // 获取手指移动的距离
    getDestence: function() {
        // 获取当前存储的事件数据对象
        var touch = this.touch;
        // 根据数学中的距离公式，获取两点之间的距离
        return Math.round(Math.sqrt(Math.pow(touch.x2 - touch.x1,2)+Math.pow(touch.y2 -
        touch.y1, 2)));
    },
```

6.6 事件对象

我们还要为用户提供事件发生的具体时间、事件的横/纵坐标（如果页面有缩放，还要获取缩放后的横/纵坐标）等信息。

实现程序如下。

```
/***
 * 获取事件的数据对象
 * @isEnd            是不是结束触摸
 **/
getTouchEvent: function(isEnd) {
    // 获取 x 坐标
    var x = isEnd ? this.touch.x2 : this.touch.x1;
    // 获取 y 坐标
    var y = isEnd ? this.touch.y2 : this.touch.y1;
    // 返回事件对象
    return {
            // 时间戳
            timeStamp: Date.now(),
            // x 坐标
            x: x,
            // y 坐标
            y: y,
            // 根据缩放还原真实的 x 坐标
            scaleX: x / this.scale,
            // 根据缩放还原真实的 y 坐标
            scaleY: y / this.scale
    }
},
```

6.7 取消事件

当接到电话或者触发滚动条事件时，打断了触屏事件的正常触发顺序，我们要阻止事件的触发，并且要阻止其衍生的触屏事件。

实现程序如下。

```
// 取消触摸事件
touchCancel: function() {
    // 取消轻拍事件
    this.tapTimeout && clearTimeout(this.tapTimeout);
    // 取消滑动事件
    this.swipeTimeout && clearTimeout(this.swipeTimeout);
    // 取消长按事件
    this.longTapTimeout && clearTimeout(this.longTapTimeout);
    // 清空计时器句柄
    this.tapTimeout = this.swipeTimeout = this.longTapTimeout = null;
    // 清空事件对象
    this.touch = {}
    // 发布取消触摸的事件
    this.trigger('ickt.event.touchCancel', this.getTouchEvent(true))
},
```

6.8 滑动事件

当我们确定触发的事件是滑动事件的时候，我们不仅要触发滑动事件，还要根据滑动的距离计算滑动的角度，并确定滑动的方向，让滑动事件更精确。

实现程序如下。

```
// 触发滑动事件
swipe: function() {
    // 异步触发滑动事件
    this.swipeTimeout = setTimeout(function() {
        // 计算滑动的角度
        var data = this.calculateDirection();
        // 触发滑动事件，并传递滑动角度
        this.trigger('ickt.event.swipe', data.angle, this.touch, data.dir)
        // 触发具有方向的滑动事件
        this.trigger('ickt.event.swipe'+data.dir, data.angle, this.touch,data.dir)
        // 清除事件对象
        this.touch = {}
    }.bind(this), 0)
},
// 计算角度
calculateAngle: function() {
    // 获取移动的横坐标
```

```
            var x = this.touch.x1 - this.touch.x2;
            // 获取移动的纵坐标
            var y = this.touch.y1 - this.touch.y2;
            // 根据两条直角边计算弧度
            var r = Math.atan2(y, x);
            // 转换成角度
            var angle = Math.round(r * 180 / Math.PI);
            // 若角度小于 0°，就转换成正角度
            if (angle < 0) {
                angle = 360 - Math.abs(angle);
            }
            // 返回角度
            return angle;
        },
        // 计算方向
        calculateDirection: function() {
            // 获取角度
            var angle = this.calculateAngle();
            // 角度介于 0°~45°以及 315°~360°表示向左滑动
            if ((angle <= 45 && angle >= 0) || (angle <= 360 && angle >= 315)) {
                return { angle: angle, dir: 'Left'};
            // 角度介于 135°~225°表示向右滑动
            } else if (angle >= 135 && angle <= 225) {
                return { angle: angle, dir: 'Right'};
            // 角度介于 45°~135°表示向上滑动
            } else if (angle > 45 && angle < 135) {
                return { angle: angle, dir: 'Up'};
            // 角度介于 225°~315°表示向下滑动
            } else {
                return { angle: angle, dir: 'Down'};
            }
        },
```

6.9 轻拍事件

当我们触发轻拍事件后，要根据轻拍事件触发的时间来确定它是否是长按事件，并根据在规定时间内触发的次数，判断出它是否是双击事件。

实现程序如下。

```
// 触发轻拍事件
tap: function() {
        // 单击之后才能触发,这是正常触发
        if (this.touch.last) {
                // 当触发滚动事件的时候，为了能够阻止轻拍事件，将轻拍事件放入异步操作中，
                // 轻拍事件在滚动事件之前触发，在滚动事件之后执行
                this.tapTimeout = setTimeout(function() {
                        // 触发轻拍事件
                        this.trigger('ickt.event.tap', this.getTouchEvent());
                        // 如果是双击
                        if (this.touch.isDoubleTap) {
```

```
                                // 触发双击事件
                                this.trigger('ickt.event.doubleTap',this.getTouchEvent())
                        }
                        // 清空事件的数据对象
                        this.touch = {};
                }.bind(this), 0)
        }
},
// 长按事件
longTap: function() {
    // 清除长按事件，避免连续触发（节流处理）
    this.cancelLongTap();
    // 单击之后才能触发,这是正常触发
    if (this.touch.last) {
        // 触发长按事件
        this.trigger('ickt.event.longTap', this.getTouchEvent())
        // 清空事件的数据对象
        this.touch = {};
    }

},
// 取消长按事件
cancelLongTap: function() {
    // 清空长按事件触发器的定时器
    this.longTapTimeout && clearTimeout(this.longTapTimeout);
    // 将定时器句柄设置为 null
    this.longTapTimeout = null;
},
```

6.10 键盘事件

　　由于手机调试没有 PC 端调试方便，因此我们定义一些键盘事件来模拟这些触屏事件。例如，向上的方向键表示向上滑动，向下的方向键表示向下滑动，向左的方向键表示向左滑动，向右的方向键表示向右滑动，空格键表示轻拍事件，Enter 键表示长按事件。

　　实现程序如下。

```
/***
 * 绑定键盘事件
 * @e              事件对象
 **/
keyDown: function(e) {
    // 按键按下
    this.trigger('ickt.event.keyDown', e.keyCode);
    // 通过键盘模拟按下的手势
    this.trigger('ickt.event.touchStart', e.keyCode)
    // 判断键码
    switch(e.keyCode) {
        // 上
        case 38:
```

```
                    this.sendKeyboardMsg('up', 90, e.keyCode)
                    break;
            // 右
            case 39:
                    this.sendKeyboardMsg('right', 180, e.keyCode)
                    break;
            // 下
            case 40:
                    this.sendKeyboardMsg('down', 270, e.keyCode)
                    break;
            // 左
            case 37:
                    this.sendKeyboardMsg('left', 0, e.keyCode)
                    break;
            // 空格键
            case 32:
                    this.trigger('ickt.event.tap');
                    this.trigger('ickt.event.space', e.keyCode, 'space');
                    break;
            // Enter 键
            case 13:
                    this.trigger('ickt.event.longTap');
                    this.trigger('ickt.event.enter', e.keyCode, 'enter');
                    break;
        }
},
/***
 * 绑定键盘事件
 * @e                事件对象
 **/
keyUp: function(e) {
    // 按键弹起
    this.trigger('ickt.event.keyUp', e.keyCode);
    // 通过键盘模拟弹起的手势
    this.trigger('ickt.event.touchEnd', e.keyCode)
},
// 发布键盘消息
sendKeyboardMsg: function(dir, angle, keyCode) {
    // 模拟滑动事件
    this.trigger('ickt.event.swipe' + dir[0].toUpperCase() + dir.slice(1),angle, this.
    touch, dir);
    // 模拟键盘事件
    this.trigger('ickt.event.' + dir, keyCode, dir)
}
```

"好了，小白，你可以在地图模块中测试我们注册的全局消息了。"小铭开发完程序对小白说。

6.11 事件测试

于是小白打开 map.js 文件并订阅了键盘事件消息。

实现程序如下。

```
// 原则上，虽然操作简单，每次只有两个元素变化，但是由于虚拟 DOM 这套架构模式，我们还是让虚拟 DOM 先
// 比较后渲染，使虚拟 DOM 的功能更直观
// 引入 game 模块的问题：在每个模块内部存储 gameover 变量，模块的通信复杂
Ickt(Map, {
    // 订阅向上滑动的事件
    eventSwipeUp: function() {
        console.log('swipe up')
    },
    // 订阅向下滑动的事件
    eventSwipeDown: function() {
        console.log('swipe down')
    },
    // 订阅向右滑动的事件
    eventSwipeRight: function() {
        console.log('swipe right')
    },
    // 订阅向左滑动的事件
    eventSwipeLeft: function() {
        console.log('swipe left')
    }
})
```

于是小白打开浏览器，调出控制台，并在游戏页面中按上、右、下、左 4 个方向键，在控制台中显示了上、右、下、左 4 个方向键的提示文案，如图 6-2 所示。

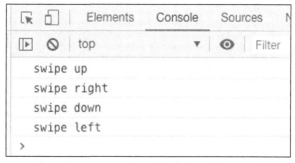

▲图 6-2　4 个方向键的提示方案

"接下来可以继续开发地图模块了。"小铭对小白说，"不过咱们在上一个游戏中已经定义了虚拟 DOM 模块，这次也引入它，通过渲染视图来向虚拟 DOM 发送消息，我们就可以在 UI 模块中接收需要更新的数据了。现在你可以在地图模块中初始化相关数据了。"

于是小白继续在地图模块初中始化地图数据。

```
Ickt('Map', {
    // 依赖虚拟 DOM 模块
    dependences: ['VDom'],
    // 全局配置
    globals: {
```

```
        // 获取每行和每列的方格数，默认是 3 个
        size: 3
    },
    // 构造函数
    initialize: function() {
        // 获取每行和每列的方格数
        this.size = Ickt('size');
        // 游戏是否结束
        this.gameStart = true;
        // 初始化地图
        this.initMap()
        // 默认将最后一个方格设置为空的
        this.empty = {
            col: this.size - 1,
            row: this.size - 1
        };
    },
    // 所有模块创建完，初始化视图
    ready: function() {
        // 通知虚拟 DOM 初始化视图
        this.trigger('vdom.initView', this.blocks)
    },
    // 初始化地图
    initMap: function() {
        // 获取每行和每列的方格数
        var size = this.size;
        // 获取方格总数
        var all = Math.pow(size, 2);
        // 创建方格索引数组
        var arr = new Array(all).fill(0).map(function(value, index) {
            // 最后一个方格是空的，其他的按照索引值存储
            return index === all - 1 ? undefined : index
        // 打乱成员顺序，值为 undefined 的成员不参与排序
        }).sort(function() {
            // 随机排序
            return Math.random() > 0.5 ? 1 : -1;
        })
        // 地图中的方格是一个二维数组，用上面创建的随机索引值数组填充该二维数组
        // 创建行
        this.blocks = new Array(size).fill(0).map(function(value,row){
            // 创建列数组，并填充行数组
            return new Array(size).fill(0).map(function(subValue,col) {
                // 在方格索引数组中获取对应索引值
                return arr[size * row + col]
            })
        })
    },
})
```

6.12 渲染视图

　　"小铭，我们渲染发布了虚拟 DOM 的消息，经虚拟 DOM 处理后，我们就可以在绘制视图的 UI 模块中监听虚拟的消息，并绘制视图了吧？"小白问。

　　"没错，还是老套路，虚拟 DOM 监听 vdom.initView 消息之后会发布 ui.initView 消息，监听 vdom.render 消息之后会发布 ui.render 消息。不过渲染视图就要操作 DOM，而后面的视图也需要操作 DOM，所以可以在公共库 lib 目录下的 services 目录中创建 element.js 服务文件，定义服务，并且在 UI 模块中注入参数，这样 DOM 操作的相关功能就可以复用了。"小铭说。接下来，小铭开始开发程序。

```
Ickt('UI', {
    // 全局配置
    globals: {
        // 默认行与列的方格数
        size: 3,
        // 默认容器宽度
        width: 320,
        // 默认渲染容器元素
        container: 'body',
        // 默认渲染的图片
        url: 'img/01.jpg'
    },
    // 注册消息
    message: {
        // 渲染视图
        'ui.render': 'render',
        // 初始化视图
        'ui.initView': 'render',
    },
    // 构造函数，注入$element 服务
    initialize: function($element) {
        // 获取容器元素
        this.container = document.querySelector(Ickt('container'));
        // 设置背景图片地址
        this.url = 'url(' + Ickt('url') + ')'
        // 获取容器宽度
        this.width = Ickt('width');
        // 获取行与列的方格数
        this.size = Ickt('size');
        // 计算每个方格的大小
        this.cell = this.width / this.size;
        // 方格 DOM 存储容器
        this.doms = [];
        // 创建视图
        this.createView();
    },
    // 创建视图
    createView: function() {
        // 为容器元素设置样式
        this.$element.css(this.container, {
            width: this.width + 'px',
            height: this.width + 'px',
            margin: '10px auto',
            position: 'relative'
        })
        // 根据行与列的方格数，创建 DOM 元素，并存储在方格 DOM 容器中
        new Array(Math.pow(this.size,2)).fill(0).forEach(function(value,index){
            // 创建 DOM 并设置样式
```

```
                var dom = this.$element.create({
                    backgroundSize: '320px 320px',
                    position: 'absolute',
                    width: this.cell + "px",
                    height: this.cell + "px",
                    top: this.cell * Math.floor(index / this.size) + "px",
                    left: this.cell * (index % this.size) + "px"
                } ,this.container)
                // 存储创建的 DOM 元素
                this.doms.push(dom);
            }.bind(this))
        },
    })
```

6.13　修改方格

　　当虚拟 DOM 发布更新的消息时，会传递该虚拟 DOM 的位置信息。我们要根据该位置信息来获取元素，将成员值转成二维数组并获取横、纵坐标，同时根据横、纵坐标来修改元素样式。

　　实现程序如下。

```
Ickt('UI', {
    // ......
    // 渲染元素
    render: function(doms) {
        // 遍历所有需要渲染的元素
        doms.forEach(function(data, index) {
            // 根据元素的行号、列号以及成员值，更新 DOM
            this.update(data.row, data.col, data.value)
        }.bind(this))
    },
    /***
     * 根据元素的行号、列号以及成员值，更新 DOM
     * @row            行号
     * @col            列号
     * @value          成员值
     **/
    update: function(row, col, value) {
        // 根据行号和列号，获取 DOM 的真实索引值（将二维数组转换成一维数组）
        var dom = this.doms[row * this.size + col];
        // 如果值不是 undefined，说明它是显示图片的方格
        if (value !== undefined) {
            // 根据成员值，确定背景图片的水平、垂直偏移量
            this.$element.css(dom, {
                backgroundImage: this.url,
                // 成员值是一维数组索引值，要转换成二维数组来说明方格所在位置
                backgroundPosition: -this.cell * (value % this.size)+'px ' + -
                this.cell * Math.floor(value/this.size) + 'px'
            })
```

```
              // 如果值是 undefined, 说明它是空方格
          } else {
                  // 在空方格内不能渲染背景图片
                  this.$element.css(dom, 'backgroundImage', '')
          }
      },
  })
```

6.14 DOM 服务

因为在方法中使用了 DOM 服务，所以接下来要实现通过 CSS 设置样式的方法以及通过 create 创建元素的方法。设置样式方法很容易，无非就是操作元素的 style 属性，但是我们将它重载该方法，让它可以设置一个属性也可以设置多个属性。create 方法可以用来创建元素，在创建元素的过程中我们还可以为元素添加样式，并且将元素添加在容器元素内，最终返回该元素。

实现程序如下。

```
Ickt('$element', function() {
    return {
        /***
         * 封装设置样式的方法
         * @dom            设置的元素
         * @key            样式属性名称|样式对象
         * @val            样式的属性值
         ***/
        css: function(dom, key, val) {
                // 如果 key 是字符串, 说明设置一个样式
                if (typeof key === 'string') {
                        dom.style[key] = val;
                // 否则, key 是对象, 说明设置多个样式
                } else {
                        // 遍历样式对象, 逐一设置
                        for (var i in key) {
                                // 设置单个样式
                                this.css(dom, i, key[i])
                        }
                }
        },
        /***
         * 创建元素
         * @style            元素的样式
         * @container        该元素的容器元素
         * @name             元素名称
         **/
        create: function(style, container, name) {
            // 创建元素
            var dom = document.createElement(name || 'div');
            // 设置样式
            this.css(dom, style);
```

```
        // 将创建的元素添加到容器元素内
        container && container.appendChild(dom)
        // 返回元素
        return dom;
      }
    }
  })
```

"终于将初始化的页面绘制完了。"小白高兴地说。于是，用浏览器打开页面并导入程序后，游戏的方格终于出现了，如图 6-3 所示。

▲图 6-3　游戏中的方格

6.15 添加交互

"小白，咱们已经订阅了全局事件消息，现在你可以在地图模块中定义这些事件的回调函数，并操作这些方格了。"小铭说。

"好的！"小白回答。

"不过还是要提醒你一下，为了提高性能，我们引入了虚拟 DOM 模块，因此当你要更新视图的时候，一定要将数据提交给虚拟 DOM 模块，再由虚拟 DOM 模块将比较的结果传递给 UI 模块。"小铭提醒说。

于是小白在地图模块中添加了交互代码。

```
// 原则上，虽然操作简单，每次只有两个元素变化，但是由于虚拟 DOM 这套架构模式，我们还是让虚拟 DOM
// 先比较后渲染，使虚拟 DOM 的功能更直观
// 引入 game 模块的问题：在每个模块内部存储 gameover 变量，模块的通信复杂
Ickt('Map', {
    // 移动滑块
    move: function(des, isX) {
        // 如果游戏结束，提示用户，并阻止执行
```

```
            if (!this.gameStart) {
                alert('游戏已经结束')
                return;
            }
            // 获取空格的行号和列号
            var col = this.empty.col;
            var row = this.empty.row;
            // 如果是水平方向的移动（左右移动）
            if (isX) {
                // 更新列号
                col += des;
                // 检测是否可以更新
                if (this.checkPositionValid(col)) {
                    // 更新方格
                    this.updateBlock(row, col);
                }
            // 如果是垂直方向的移动（上下移动）
            } else {
                // 更新行号
                row += des;
                // 检测是否可以更新
                if (this.checkPositionValid(row)){
                    // 更新方格
                    this.updateBlock(row, col);
                }
            }
            // 通知虚拟 DOM 更新方格
            this.trigger('vdom.render', this.blocks)
        },
        /***
         * 更新方格
         * @row        行号
         * @col        列号
         **/
        updateBlock: function(row, col) {
            // 交换空格的位置（让空格与目标方格交换索引值）
            this.blocks[this.empty.row][this.empty.col] = this.blocks[row][col]
            // 设置空格
            this.blocks[row][col] = undefined;
            // 存储当前空格的行号和列号
            this.empty.col = col;
            this.empty.row = row;
        },
        // 检测是否可以更新
        checkPositionValid: function(value) {
            // 如果行号和列号在有效范围内，可以更新
            return value >= 0 && value < this.size;
        },
        // 订阅向上滑动的事件
        eventSwipeUp: function() {
            // 向上移动一个位置
            this.move(1, false)
        },
        // 订阅向下滑动的事件
```

```
    eventSwipeDown: function() {
        // 向下移动一个位置
        this.move(-1, false)
    },
    // 订阅向右滑动的事件
    eventSwipeRight: function() {
        // 向右滑动一个位置
        this.move(-1, true)
    },
    // 订阅向左滑动的事件
    eventSwipeLeft: function() {
        // 向左滑动一个位置
        this.move(1, true)
    }
})
```

程序开发完成，小白打开浏览器并运行程序，按下方向键，模拟滑动交互，方格动起来了，如图 6-4 所示。

▲图 6-4　移动方格

6.16　游戏进度

"小白，按照你这种玩法，不管多长时间总会将拼图拼好的。为了增强游戏的紧迫性，我们可以添加一个时间限制，让用户在规定时间内将拼图拼好，并展示一张原始图。"小铭说。

"嗯，说得不错，我们可以添加一个预览模块，并在预览模块中展示剩余时间，时间一到，如果用户没有将图拼接成功，游戏就结束了。"小白说。

于是小白打开了 process.js 文件，定义了 process 模块。

实现程序如下。

```
Ickt('Process', {
    // 全局配置
    globals: {
```

```
            // 默认用时 1min
            time: 1 * 60 * 1000
        },
        // 构造函数
        initialize: function() {
            // 循环定时器的句柄
            this.timebar = null;
            // 获取游戏约束时间
            this.wholeTime = Ickt('time');
        },
        // 模块加载完成，开始游戏，并开始计时
        ready: function() {
            var me = this;
            // 获取初始化的时间
            this.date = Date.now();
            // 启动定时器
            this.timebar = setInterval(function() {
                // 获取剩余时间（总时间−已经计时的时间）
                var time = me.wholeTime - (Date.now() - me.date);
                // 如果剩余时间小于 0
                if (time < 0) {
                    // 将时间设置成 0
                    time = 0;
                    // 游戏结束
                    me.gameOver();
                    // 通知地图模块，游戏结束
                    me.trigger('map.gameOver')
                    // 提示用户
                    alert('游戏结束！')
                }
                // 通知 UI 模块更新进度，将毫秒转换成秒
                me.trigger('ui.showProcess', (time / 1000).toFixed(1))
            }, 90)
        },
        // 游戏结束
        gameOver: function() {
            // 清除循环定时器，
            clearInterval(this.timebar)
        }
    })
```

　　现在有两件事情需要做。其一是要在视图模块中绘制时间进度以及预览图，其二是地图模块接收游戏结束的消息。我们首先实现绘制时间进度以及预览图逻辑。

6.17　绘制时间进度

　　首先，小白在 UI 模块订阅了关于绘制进度的消息。

　　实现程序如下。

```
Ickt('UI', {
    // 注册消息
    message: {
        // ......
        // 绘制进度的消息
        'ui.showProcess': 'showProcess'
    },
})
```

然后，小白在构造函数中创建进度与预览图元素，并把它们存储在模块内。

```
Ickt('UI', {
    // 构造函数，注入$element 服务
    initialize: function($element) {
        // ......
        // 创建进度以及预览图
        this.createPreview();
    },
    createPreview: function() {
        // 创建元素，并添加样式，让文字大一点，同时绘制在预览图的中央
        this.previewDOM = this.$element.create({
            backgroundImage: this.url,
            backgroundSize: '200px 200px',
            position: 'absolute',
            width: "200px",
            height: "200px",
            top: this.width + 10 + "px",
            left: "50%",
            margin: '0 -100px',
            // 剩余时间
            lineHeight: '200px',
            color: 'rgba(255, 0, 0, 0.8)',
            fontSize: '50px',
            textAlign: 'center'
        }, this.container)
    },
})
```

最后，小白实现了绘制进度以及预览图的 showProcess 方法。

```
Ickt('UI', {
    // 更新进度
    showProcess: function(time) {
        // 显示剩余时间
        this.previewDOM.innerHTML = time + 's'
    }
})
```

于是小白打开浏览器，运行程序并刷新页面，倒计时与预览图早已呈现出来，如图 6-5 所示。

▲图 6-5 倒计时与预览图

6.18 游戏结束

完成进度与预览图的绘制之后，小铭与小白两人开始讨论地图模块中游戏结束的逻辑。

"小铭，倒计时结束，向地图模块发布了游戏结束的指令，游戏模块要将游戏关闭并阻止用户交互了。"小白说。

"是的，然而，在地图模块内，当用户移动卡片时，我们还要检测拼图是否完成，万一用户拼接成功，就要告诉用户胜利通关了，并且告知进度模块不要倒计时了，用户已经通关了！"小铭说。

"通知进度模块很容易，直接订阅 process.gameOver 消息，并且执行 gameOver 方法即可，但是在地图模块中，我们如何判断游戏结束呢？"小白问。

"这很容易。小白，观察一下，当游戏结束的时候，拼接的图像有什么特点呢？"小铭说。

首先，最后一个位置是空格。其次，前面的图片按照索引值顺序从上到下、从左到右依次递增。"小白说。

"我们只需要判断这两个条件就可以了，所以赶快实现它吧。"小铭说。

于是小白首先在进度模块中订阅了消息。

实现程序如下。

```
Ickt('Process', {
    // ......
    // 注册消息
```

```
        message: {
            // 游戏结束
            'process.gameOver': 'gameOver'
        },
        // ......
    })
```

接着进入地图模块，订阅了 process 发布的 map.gameOver 事件，并在 move 移动方法执行之后，检测游戏是否结束。

实现程序如下。

```
Ickt('Map', {
    // ......
    // 订阅消息
    message: {
        // 游戏结束
        'player.gameOver': 'gameOver'
    },
    // 移动滑块
    move: function(des, isX) {
        // ......
        // 检测游戏是否结束
        if (this.checkGameOver()) {
            // 游戏结束
            this.gameOver();
            // 向进度模块发布游戏结束的消息
            this.trigger('process.gameOver')
            // 防止程序中断
            setTimeout(function() {
                alert('恭喜你过关')
            }, 0)
        }
    },
    // 游戏结束
    gameOver: function() {
        this.gameStart = false;
    },
    // 游戏通关检测
    checkGameOver: function() {
        // 最后一个位置是空格，值为 undefined
        if (this.blocks[this.size - 1][this.size - 1] === undefined){
            // 假设游戏通关
            var result = true;
            // 将二维数组转换成一维数组
            Array.prototype.concat.apply([], this.blocks)
                // 过滤最后一个空格的 undefined 值
                .slice(0, -1)
                // 从前向后遍历，判断图片的索引值是否依次递增
                .reduce(function(res, value) {
                    // 如果当前的值小于上一个值，游戏没有结束
                    if (res > value) {
                        result = false;
                    }
                    // 返回当前值，作为下一次比较的第一个参数
                    return value
                })
            // 发布结果
            return result
        }
```

```
            return false;
        },
        // ......
    })
```

"程序终于开发完了！"小白兴奋地说。他打开游戏并开始玩了起来，游戏效果如图 6-6 所示。

▲图 6-6 游戏效果

下一章剧透

我们在游戏中经常需要使用循环定时器来处理游戏帧、计时、计分等。然而，传统的循环定时器由于设计的原因，有时候会发生丢帧（参考下一章），如何解决这类问题呢？如何让游戏循环更流畅呢？那就赶快学习下一章吧！

我问你答

当玩家顺利通关后，他可以继续玩，但是要增加游戏难度，如增加方格数量，缩短计时时间等，如何实现这些功能来增加游戏可玩性呢？

附件

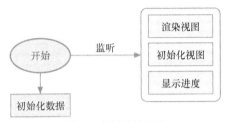

视图 UI 模块的流程图

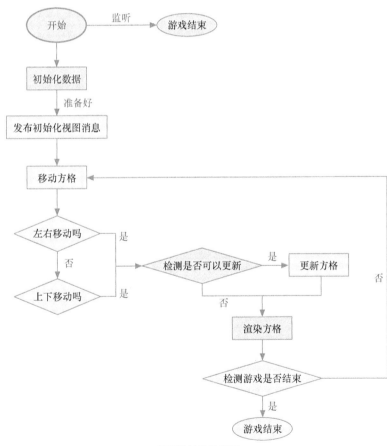

地图模块的流程图

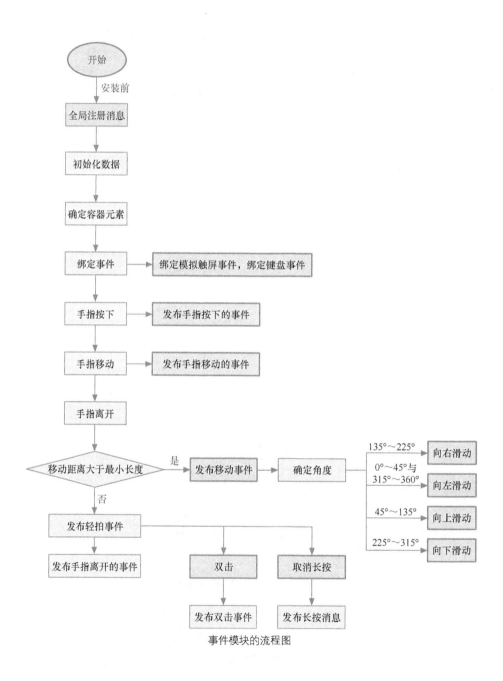

事件模块的流程图

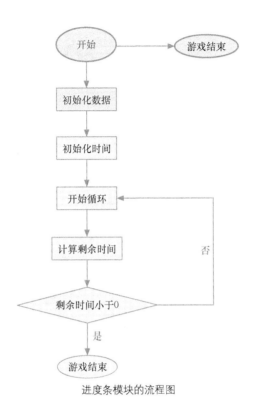

进度条模块的流程图

第 7 章 《赛车》游戏与游戏模块

游戏综述

《赛车》游戏是竞速游戏的一类，游戏内容主要是玩家控制汽车进行赛跑。《赛车》游戏的目标是玩家驾驶车辆同其他玩家比赛并试图获取胜利。

游戏玩法

玩家控制赛车，在规定的跑道中驾驶。随着时间的推移，赛车速度不断增加，并且赛道上会出现障碍物和其他赛车，玩家躲开这些赛车和障碍物进行比赛。如果与其他赛车相撞，则游戏结束，并显示玩家的赛车持续驾驶时间。

项目部署

img：图片文件夹（相关图片省略）。

js：前端模块文件夹。

car.js：汽车模块。

player.js：用户模块。

road.js：赛车道模块。

ui.js：视图 UI 模块。

index.html：项目入口文件。

lib：前端库文件夹。

ickt.js：Ickt 核心库文件。

modules：所有内置模块。

event.js：事件模块。

game.js：游戏模块。

services：所有内置服务。

element.js：DOM 操作服务。

css：全局样式文件夹。

reset.css：全局 reset 样式。

入口文件

```
index.html 文件
<!DOCTYPE html>
<html lang="en">
<head>
    <meta charset="UTF-8">
    <meta name="viewport" content="initial-scale=1,maximum-scale=1,minimum-scale=1,
user-scalable=no,width=device-width">
    <link rel="stylesheet" type="text/css" href="../css/reset.css">
    <title>赛车游戏</title>
</head>
<body>
    <div id="app"></div>
```

```html
<script type="text/javascript" src="../lib/ickt.js"></script>
<script type="text/javascript" src="../lib/modules/event.js"></script>
<script type="text/javascript" src="../lib/modules/game.js"></script>
<script type="text/javascript" src="../lib/services/element.js"></script>
<script type="text/javascript" src="js/player.js"></script>
<script type="text/javascript" src="js/car.js"></script>
<script type="text/javascript" src="js/road.js"></script>
<script type="text/javascript" src="js/ui.js"></script>
<script type="text/javascript">
    Ickt();
</script>
</body>
</html>
```

7.1 帧与游戏

"向左转呀,小白。"小铭着急地对小白说。

"哎,又撞车了,玩好多次了,就是过不去这一关。"小白垂头丧气地说。

"哈哈,看你玩得这么艰难,为了研究游戏原理,看看如何提高赛车技术,要不咱们开发个《赛车》游戏吧?"小铭说。

"好主意,要是把《赛车》游戏开发出来,没准我就是高手了。"小白说。

"先别得意。为了开发《赛车》游戏,首先你要了解赛车游戏的开发需求,然后要知道开发什么。不过《赛车》游戏有点类似《贪吃蛇》游戏,它是一个动画游戏。因为在游戏中循环地绘制游戏帧(帧是游戏的瞬间快照,通过不停地绘制帧,实现游戏的'动'画),所以帧的频率(也叫帧频,即每秒切换画面的次数,也就是每秒我们绘制游戏页面的次数)决定了游戏的流畅度。"小铭说。

"那么,什么又决定帧频呢?"小白问。

"当然是循环的频率呀,你想想,在《贪吃蛇》游戏中,我们每秒绘制几十次,才能让蛇动起来,而对于赛车这类'高速'游戏,我们就更要确保高质量的帧频,不至于在游戏中出现帧的丢失。遗憾的是,浏览器中每秒最多渲染 60 次,这就决定了帧频的上限了,不过好消息是 60 帧/秒已经足够了。"小铭说。

"60 帧/秒是什么概念呢?"小白问。

"举一个例子你就明白了,以前 Flash 动画的帧频大概是 18 帧/秒,你觉得有卡顿吗?我们平时看的视频的帧频大多是 30 帧/秒。在 30 帧/秒的视频中你还能看到一张张图片切换的过程吗?"小铭说。

"当然不会了,30 帧/秒的视频已经很清晰了。"小白说。

"所以，如果 60 帧/秒的画面已经相当流畅了。不过以前我们总是在程序中用 setInterval 或者 setTimeout 方法计时，而这些方法由于异步的原因，常常会晚于延迟的时间（由于计算机很'忙'，没时间处理异步的事情，导致异步执行的动作序列推迟了）。有时候我们将循环定时器的频率调高，比如每秒执行 100 次，在浏览器（每秒渲染 60 帧）渲染一帧的时候，我们的循环定时器回调方法可能执行了两次，但是只能看到浏览器渲染了最后一次，这样就造成了帧丢失的问题。"小铭说。

"听你这么说，的确问题很大，那么我们该如何解决呢？"小白问。

"好在 HTML5 提供了 requestAnimationFrame（RAF）方法，它是基于浏览器帧频执行的，因此不会丢失帧。如果浏览器每秒渲染 60 帧，我们的游戏每秒就能渲染 60 帧，这样游戏不就足够流畅了吗？"小铭说。

"听你这么一说好像很棒，那么我们应该怎么实现呢？"小白问。

"requestAnimationFrame 也是一个异步方法，与 setTimeout 方法很相似，但是我们希望该方法可以像 setInterval 方法一样使用，所以我们就要封装该方法了。不过仅仅封装该方法还是不够的，我们可以封装一个游戏模块（game 模块），让其底层用 requestAnimationFrame 渲染，这样以后每个游戏在使用 requestAnimationFrame 方法时就更加方便了。"小铭说。

7.2 游戏模块

"RAF 方法应该怎么封装呢？"小白问小铭。

"RAF 方法很重要，它要在模块定义之前创建。如果 RAF 方法不存在，我们只能退而求其次，使用 setTimeout 模拟了。"小铭接着说，"RAF 方法与 setTimeout 方法类似，可以异步执行，也可以清除异步执行的方法，并且 RAF 方法不需要传递延迟的时间。因为它是根据浏览器刷新的频率执行的，所以要用 setTimeout 模拟 RAF，每秒执行 60 次（约 16.7ms 执行一次）。如果少于该时间长度，浏览器是不可能刷新的，因此浏览器也就不可能渲染出新的页面了。"于是小铭在 lib/modules/game.js 文件中定义了 game 模块。

实现程序如下。

```
Ickt.module('Game', {
    // 模块创建前
    beforeInstall: function() {
        // 如果 RAF 不存在
        if (!window.requestAnimationFrame) {
            // 定义上一次执行的时间
            var lastTime = 0;
            // 为了判断是否有具有浏览器前缀的 RAF 方法，要获取浏览器前缀
            var prefix = 'ms moz webkit o'.split(' ');
            // 如果没有找到 RAF 方法，继续遍历浏览器前缀
```

```
            for (var i = 0; i < prefix.length && !window.
            requestAnimationFrame; i++) {
                // 获取具有浏览器前缀的 RAF 方法，并存储
                window.requestAnimationFrame = window[prefix[i] +'
                RequestAnimationFrame'];
                // 存储清除的 RAF 方法，具有 Webkit 前缀的清除方法的名称有所不同
                window.cancelAnimationFrame = window[prefix[i]+'
                CancelAnimationFrame'] || window[prefix[i] + '
                CancelRequestAnimationFrame']
            }
        // 如果仍然没有 RAF 方法，用 setTimeout 模拟
        if (!window.requestAnimationFrame) {
            /***
             * 定义 RAF 方法
             * @callback        回调函数
             **/
            window.requestAnimationFrame = function(callback) {
                // 获取当前时间
                var currentTime = +new Date();
                // 每秒 60 帧,时间间隔约是 1.67ms,如果超过 16.7ms,立即执行
                var timeToCall=Math.max(0,16.7-(currentTime-lastTime))
                // 执行定时器方法，并存储定时器句柄
                var id = window.setTimeout(function() {
                    // 执行回调函数
                    callback(currentTime + timeToCall);
                }, timeToCall);
                // 更新上一次执行的时间
                lastTime = currentTime + timeToCall;
                // 返回定时器句柄
                return id;
            }
            // 定义清除 RAF 的方法
            window.cancelAnimationFrame = function(id) {
                clearTimeout(id);
            }
        }
    }
},
})
```

7.3　游戏周期

　　“小白，有了 RAF 方法，我们就可以为游戏模块扩展全局消息了，这样就可以让每个模块知道游戏模块所处的状态，并且可以订阅游戏模块发布的消息了。”小铭说。

　　“那么我们该订阅哪些消息呢？”小白问。

　　“首先，要发布游戏开始的消息。然后，游戏暂停、继续、结束、重启的消息也要发布。当然了，每次帧的更新这么重大的消息更要发布了。最后，为了丰富游戏结束的消息类型，除了定义因游戏失败而结束的消息之外，我们还要定义游戏成功通关而结束的消息，以及通过本关进入下一关的消息。”小铭接着说，“为了能够让其他模块也可以向游戏模块发布消息，我们

在注册全局消息的同时，也在游戏模块中订阅了消息。另外，当游戏模块接收到这些消息后，也可以转发消息。"实现程序如下。

```
Ickt.module('Game', {
    // 模块创建前
    beforeInstall: function() {
        // ......
        // 消息类型
        this.GAME_MESSAGE = {
            // 游戏开始
            'game.start': 'start',
            // 更新每一帧
            'game.update': 'update',
            // 游戏暂停
            'game.pause': 'pause',
            // 游戏继续
            'game.continue': 'continues',
            // 游戏重启
            'game.restart': 'restart',
            // 游戏结束（失败）
            'game.over': 'over',
            // 本关通过，进入下一关
            'game.pass': 'pass',
            // 游戏结束（成功）
            'game.success': 'success'
        }
        Object.keys(this.GAME_MESSAGE).forEach(function(key) {
            // 获取消息名称
            var value = this.GAME_MESSAGE[key];
            // 注册全局消息(生命周期)
            Ickt.registGlobalMessage(key)
        }.bind(this))
    },
    // 组件创建前的生命周期函数
    beforeCreate: function(instance) {
        // 将全局的消息名称也注册在游戏模块中
        instance.message = this.GAME_MESSAGE;
    },
})
```

"对于这么复杂的游戏模块，在游戏模块实例化的时候，我们要有很多数据定义吧？"小白问。

"当然了，我们要存储游戏的状态、游戏开始的时间、循环的次数、RAF 的句柄、暂停后的时间延迟，这些都是需要定义的。"小铭说。

实现程序如下。

```
// 模块创建前
beforeInstall: function() { ...... }
// 构造函数
initialize: function() {
    // 游戏是否开始执行
    this.gameExec = false;
    // 开始的时间
```

```
        this.startTime = 0;
        // 定时器句柄
        this.timeBar = null;
        // 循环的次数
        this.loopNum = 0;
        // 暂停后的时间延迟
        this.timeDelay = 0;
    },
```

7.4 游戏方法

"既然我们定义了这么多的周期，就要实现回调函数了吧？"小白问。

"是的，不过要注意的是，全局的消息只能在游戏模块中发布，而其他模块只能向游戏模块发布消息，而全局的消息需要每个模块在其自身订阅，因此游戏模块就不需要定义全局事件的回调函数了，只需要能够发布这些消息就可以了。"小铭歇了口气说，"不过如果我们要接收其他模块向游戏模块发布的消息，我们就要在游戏模块中订阅回调函数，并且根据消息的类型在游戏模块中转发。"

实现程序如下。

```
Ickt.module('Game', {
    // ......
    // 游戏开始的方法
    doStart: function() {
        // 游戏可以执行了
        this.gameExec = true;
        // 获取当前时间
        this.startTime = Date.now();
        // 第一次循环
        this.loopNum = 0;
        // 暂停后的时间延迟
        this.timeDelay = 0;
        // 执行 RAF
        this.exec()
    },
    // 游戏结束的方法
    doEnd: function() {
        // 游戏不能执行了
        this.gameExec = false;
        // 起始时间归零
        this.startTime = 0;
        // 清除 RAF 定时器
        cancelAnimationFrame(this.timeBar)
    },
    // 游戏开始时的消息回调函数
    start: function() {
        // 游戏开始
        this.doStart();
        // 在游戏模块中发布游戏开始的消息
        this.trigger('ickt.game.start', this.loopNum, Date.now() - this.startTime,
        this.startTime);
    },
```

```
        // 游戏更新时的消息回调函数
        update: function() {},
        // 游戏结束（失败）时的消息回调函数
        over: function() {
            // 获取开始时间
            var startTime = this.startTime;
            // 游戏结束
            this.doEnd();
            // 在游戏模块中发布游戏结束（失败）的消息
            this.trigger('ickt.game.over', this.loopNum, Date.now() - startTime,startTime)
        },
        // 游戏暂停时的消息回调函数
        pause: function() {
            // 游戏不能执行了
            this.gameExec = false;
            // 获取当前时间
            this.timeDelay = Date.now();
            // 向全局发布游戏暂停的消息
            this.trigger('ickt.game.pause', this.loopNum, Date.now()-this.startTime,
            this.startTime);
            // this.exec()
        },
        // 游戏继续时的消息回调函数
        continues: function() {
            // 游戏可以执行了
            this.gameExec = true;
            // 游戏开始时间要减去暂停时间
            this.startTime += Date.now() - this.timeDelay;
            // 重置游戏暂停时间
            this.timeDelay = 0;
            // 在游戏模块中发布游戏继续的消息
            this.trigger('ickt.game.continue', this.loopNum, Date.now() - this.startTime,
            this.startTime);
        },
        // 游戏重新开始时的消息回调函数
        restart: function() {
            // 获取开始时间
            var startTime = this.startTime;
            // 游戏结束
            this.doEnd();
            // 在游戏模块中发布游戏重新开始的消息
            this.trigger('ickt.game.restart',this.loopNum,Date.now()-startTime,startTime);
            // 开始游戏
            this.doStart();
        },
        // 游戏过关并进入下一关的消息回调函数
        pass: function() {
            // 获取开始时间
            var startTime = this.startTime;
            // 游戏结束
            this.doEnd();
            // 在游戏模块中发布游戏过关并进入下一关的消息
            this.trigger('ickt.game.pass',this.loopNum, Date.now() - startTime, startTime);
            // 游戏开始
            this.doStart();
        },
        // 游戏结束（成功）时的消息回调函数
        success: function() {
```

```
                // 获取开始时间
                var startTime = this.startTime;
                // 游戏结束
                this.doEnd();
                // 在游戏模块中发布游戏结束（成功）的消息
                this.trigger('ickt.game.success',this.loopNum,Date.now()-startTime,startTime);
        },
        // 游戏执行方法
        exec: function() {
                // 如果游戏可以执行
                if (this.gameExec) {
                        // 执行游戏每一帧
                        this.timebar = requestAnimationFrame(function() {
                                // 在游戏模块中发布游戏更新一次的消息
                                this.trigger('ickt.game.update', this.loopNum, Date.now() -
                                this.startTime, this.startTime);
                                // 游戏又执行了一次
                                ++this.loopNum;
                                // 继续执行游戏
                                this.exec()
                        }.bind(this))
                }
        }
})
```

"游戏模块创建完了，小白，你可以创建用户模块了。"小铭说。

7.5 测试游戏

开发完游戏模块，小白在 index.html 入口文件中相继导入了../lib/ickt.js 核心库文件、../lib/modules/event.js 公共事件模块、../lib/modules/game.js 公共游戏模块、../lib/services/element.js 公共 DOM 操作服务等文件，并导入自定义用户模块 js/player.js。在用户模块中，小白监听轻拍事件并发布开始游戏的消息。为了确保开始游戏的消息只发布一次，在内部通过判断 isBegin 变量来确定是否发布消息，并测试更新游戏的全局消息回调方法 gameUpdate。实现程序如下。

```
Ickt('Player', {
    initialize: function() {
            // 游戏是否开始
            this.isBegin = false;
    },
    // 轻拍事件
    eventTap: function() {
            // 如果没有开始
            if (!this.isBegin) {
                    // 游戏开始
                    this.trigger('game.start')
                    // 已经开始
                    this.isBegin = true;
            }
    },
    // 游戏更新
    gameUpdate: function(loop, time) {
```

```
            console.log(loop, time);
        },
    })
```

游戏循环次数以及玩游戏的时间已经显示出来了，如图 7-1 所示。

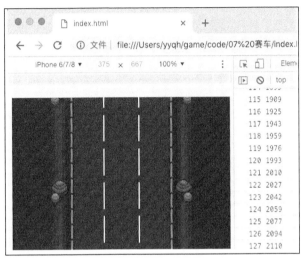

▲图 7-1 游戏循环次数以及玩游戏的时间

接下来我们就可以初始化游戏界面了。由于我们要实现 DOM 游戏，因此在初始化前，要确定玩家汽车的纵坐标，以及障碍汽车的数量。

7.6 **初始化游戏界面**

按照小铭的要求，小白在玩家模块中初始化了玩家汽车的高度，并且在 index.html 文件中导入 js/car.js 障碍汽车模块文件。在障碍汽车模块中，指定了障碍汽车的数量以及每类障碍汽车的信息（宽度、高度、速度等）。实现程序如下。

```
// 玩家模块
Ickt('Player', {
    // 全局配置
    globals: {
        // 玩家汽车的纵坐标
        playerY: 260
    },
})
// 障碍汽车模块
Ickt('Car', {
    // 全局信息
    globals: {
        // 障碍汽车的数量
        carNum: 3,
        // 每类障碍汽车的信息
        carInfo: [
```

```
                  // 每个成员代表一类汽车，3 个成员分别表示宽度、高度，以及速度
                  [23, 48, 10],
                  [25, 43, 8],
                  [22, 41, 6]
              ]
      },
  })
```

接下来，在 index.html 文件中，导入 lib/ui.js 模块，并根据效果图初始化游戏页面视图。实现程序如下。

```
Ickt('UI', {
    // 全局配置信息
    globals: {
        // 默认容器元素
        container: 'body',
        // 容器高度
        height: 320,
    },
    // 构造函数，用于注入$element 服务
    initialize: function($element) {
        // 获取容器元素
        this.container = document.querySelector(Ickt('container'));
        // 3 条车道所在位置的横坐标
        this.lane = [36, 94, 152];
        // 设置页面背景色
        this.$element.css(document.body, {
            backgroundColor: 'rgb(13, 57, 11)'
        })
        // 设置容器元素宽度、高度，并居中
        this.$element.css(this.container, {
            width: '240px',
            height: '320px',
            margin: '0 auto'
        })
    },
    // 页面加载完成
    ready: function() {
        // 获取障碍汽车的数量
        this.carNum = Ickt('carNum')
        // 获取玩家汽车所在位置的纵坐标
        this.playerY = Ickt('playerY')
        // 初始化视图
        this.initView();
    },
    // 封装获取图片的方法
    getImage: function(key) {
        // 根据图片名称获取具有backgroundImage 属性的图片的完整地址
        return 'url(img/' + key + '.png)';
    },
    // 初始化视图
    initView: function() {
        // 创建汽车赛道，如果视图溢出，要隐藏
        this.roadDOM = this.$element.create({
            backgroundImage: this.getImage('road'),
            height: '320px',
            position: 'relative',
```

```
            overflow: 'hidden'
        }, this.container)
        // 为了使汽车减速，创建障碍元素
        this.breakerDOM = this.$element.create({
            position: 'absolute',
            // left: this.position.left + 'px',
            backgroundImage: this.getImage('breaker'),
            width: '52px',
            height: '8px',
            top: '-20px'
        }, this.roadDOM)
        // 创建障碍汽车容器数组
        this.carDOMs = []
        // 创建障碍汽车元素
        for (var i = 0; i < this.carNum; i++) {
            this.carDOMs.push(this.$element.create({
                position: 'absolute',
                backgroundPosition: 'center',
                backgroundRepeat: 'no-repeat'
            }, this.roadDOM))
        }
        // 创建玩家汽车
        this.playerDOM = this.$element.create({
            position: 'absolute',
            backgroundImage: this.getImage('userCar'),
            width: '25px',
            height: '43px',
            top: this.playerY + 'px',
            left: this.lane[1] + 15 + 'px'
        }, this.roadDOM)
    },
})
```

创建各种元素后的界面如图 7-2 所示。

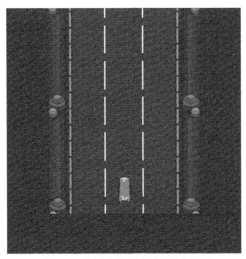

▲图 7-2　创建各种元素后的游戏界面

7.7　视图消息

"视图初始化后，我们还要为 UI 模块订阅消息。"小铭说。

"我们应该订阅哪些消息呢？"小白问。

"游戏中需要动的物体都是需要订阅消息的。为了衬托向上移动的汽车，我们可以让车道向下移动，因此要订阅移动车道的消息；为了让汽车切换赛道，我们要订阅用户汽车的消息；为了显示减速带，我们要将它缓慢下移，并订阅渲染减速带的方法；为了渲染障碍汽车，我们要订阅渲染障碍汽车的方法；当障碍汽车移出界面时，我们要订阅重置障碍汽车的消息；当汽车撞到障碍汽车时，我们要订阅汽车爆炸的消息。当然，为了凸显用户汽车的速度是最快的（如果用户的汽车很慢，就无法超车），所有其他视图控件都要相对下移，并且车道是下移最快的。"小铭说。

实现程序如下。

```
Ickt('UI', {
    // 注册消息
    message: {
        // 渲染车道
        'ui.render.road': 'renderRoad',
        // 渲染玩家的赛车
        'ui.render.player': 'renderPlayer',
        // 渲染减速带
        'ui.render.breaker': 'renderBreaker',
        // 渲染障碍汽车
        'ui.render.car': 'renderCar',
        // 重置障碍汽车
        'ui.reset.car': 'resetCar',
        // 渲染汽车相撞后爆炸的特效
        'ui.render.bomb': 'renderBomb'
    },
    // 渲染车道
    renderRoad: function(y) {
        // 车道向下移动，所以更新纵坐标
        this.$element.css(this.roadDOM, {
            backgroundPositionY: y + 'px'
        })
    },
    // 渲染玩家的赛车
    renderPlayer: function(pos) {
        // 玩家只能在 3 个车道上切换，因此设置横坐标
        this.$element.css(this.playerDOM, {
            left: this.lane[pos] + 15 + 'px'
        })
    },
    // 渲染减速带
    renderBreaker: function(breaker) {
        // 根据所在车道以及横坐标，设置减速带
        this.$element.css(this.breakerDOM, {
```

```
                left: this.lane[breaker.lane] + 'px',
                top: breaker.y + 'px'
            })
        },
        // 渲染障碍汽车
        renderCar: function(y, index) {
            // 障碍汽车只能在单一车道上移动，因此更新纵坐标
            this.$element.css(this.carDOMs[index], {
                top: y + 'px'
            })
        },
        // 重置障碍汽车
        resetCar: function(car, index) {
            // 根据障碍汽车的索引值，找到需要重置的障碍汽车，并重置横坐标和纵坐标
            this.$element.css(this.carDOMs[index], {
                backgroundImage: this.getImage('car' + car.type),
                width: car.width + 'px',
                height: car.height + 'px',
                left: this.lane[car.lane] + (52 - car.width)/2 + 'px',
                top: car.y + 'px'
            })
        },
        // 渲染汽车相撞后爆炸的特效
        renderBomb: function(bomb) {
            // 根据车道以及爆炸的纵坐标，创建爆炸元素，并渲染爆炸的特效
            this.$element.create({
                position: 'absolute',
                backgroundImage: this.getImage('bomb'),
                width: '49px',
                height: '57px',
                top: bomb.y - 7 + 'px',
                left: this.lane[bomb.lane] + 15 - 12 + 'px'
            }, this.roadDOM)
        }
    })
```

7.8　让汽车动起来

"小白，通过 UI 模块渲染用户的赛车，我们就可以在用户模块中发布这些渲染赛车的消息了。"小铭说。

"嗯，为了让赛车动起来，应该在用户模块中移动玩家的汽车吧？"小白问。

"你只说对了一半，我们的确要在用户模块中移动玩家的汽车，不过只能水平移动来切换赛道。之前说过，为了让汽车移动而不改变纵坐标，我们要向下快速地移动车道图片，速度是相对的，在玩家看来，赛道是静止的，因此玩家的汽车不就是移动的了吗？"小铭说。

小白恍然大悟地说："对呀，对呀，我都把这件事忘记了。"于是小白在 index.html 文件中导入了 js/road.js 车道模块文件，并定义了车道模块。实现程序如下。

```
Ickt('Road', {
    // 构造函数
    initialize: function() {
        // 为了增加用户体验，每隔 5 帧，提升赛道（汽车）移动的速度
        // 当前渲染过的次数
        this.times = 0;
        // 帧频间隔
        this.step = 5;
        // 赛车的最大速度（车道移动的快慢可呈现出赛车的速度）
        this.maxSpeed = 10;
        // 默认纵坐标（页面坐标系是倒置的数学坐标系，从原点开始，向上为负，向下为正，因此向下移
        // 动要增加纵坐标）
        this.y = 0;
        // 默认速度
        this.speed = 0;
        // 赛道上的减速带
        this.breaker = this.randomBreaker();
        // 减速带的纵坐标
        this.breaker.y -= 100;
    },
    // 模块加载完
    ready: function() {
        // 获取高度
        this.height = Ickt('height');
    },
    // 游戏更新
    gameUpdate: function() {
        // 更新速度
        this.timesUpdate();
        // 更新车道
        this.roadUpdate();
        // 绘制车道
        this.trigger('ui.render.road', this.y)
        // 更新减速带
        this.breakerUpdate();
    },
    // 随机生成一个减速带
    randomBreaker: function() {
        return {
            // 在 3 条车道中随机选择一条
            lane: Math.floor(Math.random() * 3),
            // 设置初始纵坐标
            y: -200 * Math.random() - 200,
            // 是否减速过
            hasKnocked: false
        }
    },
    // 更新速度
    timesUpdate: function() {
        // 如果间隔了 5 帧，并且当前速度未超过最大速度
        if (++this.times % this.step===0&&this.speed<this.maxSpeed){
            // 速度递增
            this.speed++;
        }
    },
```

```
        // 更新车道
        roadUpdate: function() {
            // 改变纵坐标
            this.y += this.speed;
            // 如果超过游戏视图的高度，重置高度
            if (this.y > this.height) {
                    this.y = 0;
            }
        },
        // 更新减速带
        breakerUpdate: function() {
                // 减速带移动的速度与车道移动的速度是一致的
                this.breaker.y += this.speed;
                // 如果减速带向下移出了游戏页面视图
                if (this.breaker.y > this.height) {
                        // 重置减速带
                        this.breaker = this.randomBreaker()
                }
                // 渲染减速带
                this.trigger('ui.render.breaker', this.breaker)
        },
}))
```

程序创建完，小白刷新页面并运行程序，他惊喜地发现，赛车动起来了。

7.9 切换赛道

"小白，既然赛车可以动起来了，你就可以在用户模块中移动赛车、切换赛道了。"小铭说。

"嗯，我们导入了共用事件模块，所以就可以直接监听左右滑动事件了。"小白说。

"是呀，所以我们封装了事件模块，在以后的应用中事件交互就变得简单了，不过，如果用户的赛车与障碍赛车相撞，那么游戏结束。此时我们不仅要在用户赛车所在的位置绘制爆炸动画，还要监听游戏模块的全局消息 gameOver，并在该方法中向 UI 模块发布绘制爆炸特效的消息。当然，对于游戏过程中的每一帧，都要检测是否撞倒障碍汽车以及是否轧过减速带。"小铭说。

"嗯，明白，"于是小白在用户模块中添加了左右滑动事件的交互，以及游戏结束的程序。实现程序如下。

```
Ickt('Player', {
    // ......
    // 构造函数
    initialize: function() {
            // 默认在中间
            this.lane = 1;
            // 获取用户赛车的纵坐标
            this.y = Ickt('playerY');
            // 定义用户赛车的高度
            this.height = 43;
```

```
                    // 游戏是否开始
                    this.isBegin = false;
            },
        // 向右滑动
        eventSwipeRight: function() {
            // 如果超过第三条车道
            if (++this.lane > 2) {
                    // 就在第三条车道上
                    this.lane = 2;
            } else {
                    // 如果游戏开始，发布更新车道的消息
                    this.isBegin&&this.trigger('ui.render.player',this.lane)
            }
        },
        // 向左滑动
        eventSwipeLeft: function() {
            // 如果切换后的车道宽度小于第一条车道
            if (--this.lane < 0) {
                    // 就在第一条车道上
                    this.lane = 0;
            } else {
                    // 如果游戏开始，发布更新车道的消息
                    this.isBegin && this.trigger('ui.render.player',this.lane)
            }
        },
    // 游戏更新
    gameUpdate: function(loop, time) {
        // 发布是否撞到障碍汽车的消息
        this.trigger('car.checPlayerkKnocked', {
                lane: this.lane,
                y: this.y,
                height: this.height
        })
        // 发布是否轧过减速带的消息
        this.trigger('road.checkKnockedbreaker', {
                lane: this.lane,
                y: this.y,
                height: this.height
        })
    },
    // 游戏结束
    gameOver: function(loop, time) {
        // 在赛车所在的车道以及纵坐标上绘制爆炸特效
        this.trigger('ui.render.bomb', {
                lane: this.lane,
                y: this.y
        })
        // 游戏已经结束
        this.isBegin = false;
        // 提示用户坚持的时间，并放在定时器中异步执行，防止 alert 中断程序
        setTimeout(function() {
                alert('恭喜您，坚持了' + time / 1000 + '秒！')
        }, 0)
    }
})
```

7.10 轧过减速带

"小铭，如果用户的赛车轧过减速带，就要让赛车减速，在游戏中，这就要让车道的移动减速。"小白说。

"非常正确，不过还有一点，如果用户的赛车减速了，那么障碍汽车相对于用户的赛车来说也要减速，所以不要忘记通知障碍汽车减速。"小铭说。

于是小白打开车道模块文件，注册了减速消息，并检测用户的赛车是否减速。实现程序如下。

```
Ickt('Road', {
    // 订阅消息
    message: {
        // 检测是否轧过减速带
        'road.checkKnockedbreaker': 'checkKnockedbreaker',
        // 'road.knockBreak': 'knockBreak'
    },
    // ......
    // 检测是否轧过减速带
    checkKnockedbreaker: function(userCar) {
        // 如果没有轧过减速带，并且赛车与减速带在同一条车道上，减速带的纵坐标在车体内
        if (!this.breaker.hasKnocked  && userCar.lane === this.breaker. lane &&
        this. breaker.y>userCar.y && this.breaker.y < userCar.y + userCar.height){
            // 用户赛车轧过减速带（确保只能轧过每个减速带一次）
            this.breaker.hasKnocked = true;
            // 减速
            this.speed -= 5;
            // 向障碍汽车模块发布轧过减速带的消息
            this.trigger('car.knockBreak')
        }
    },
})
```

"小白，如果玩家的赛车轧过了减速带，你就可以创建障碍汽车模块，然后实现它，并订阅检测用户的赛车撞到障碍汽车以及障碍汽车相对减速的方法了。"小铭说。

7.11 初始化障碍汽车

小白在 index.html 文件中导入了障碍汽车的模块文件 js/car.js。初始化障碍汽车，并对于每辆障碍汽车逐一向 UI 模块发布重置消息。实现程序如下。

```
Ickt('Car', {
    // 全局信息
    globals: {
        // 障碍汽车的数量
        carNum: 3,
        // 每类障碍汽车的信息
```

```
        carInfo: [
            // 每个成员代表一类汽车，3 个成员分别表示宽度、高度和速度
            [23, 48, 10],
            [25, 43, 8],
            [22, 41, 6]
        ]
    },
    // 构造函数
    initialize: function() {
        // 获取障碍汽车的数量
        this.carNum = Ickt('carNum')
        // 获取障碍汽车的尺寸与速度等信息
        this.carInfo = Ickt('carInfo');
        // 当前渲染的汽车
        this.cars = [];
        // 汽车平均间距
        this.step = 100;
    },
    // 模块加载完
    ready: function() {
        // 获取游戏界面的高度
        this.height = Ickt('height')
    },
    // 游戏开始
    gameStart: function() {
        // 初始化障碍汽车
        this.initCars();
    },
    // 根据数字范围获取随机数
    random: function(num, isInt) {
        // 创建一个随机数
        var result = num * Math.random();
        // 如果是整数，向下取整
        return isInt ? Math.floor(result) : result
    },
    // 初始化汽车
    initCars: function() {
        // 根据障碍汽车的数量，初始化障碍汽车
        for (var i = 0; i < this.carNum; i++) {
            // 获取障碍汽车的类型
            var type = this.random(this.carInfo.length, true);
            // 获取障碍汽车的信息
            var info = this.carInfo[type];
            // 添加障碍汽车
            this.cars.push({
                // 所在车道
                lane: this.random(3, true),
                // 宽度
                width: info[0],
                // 高度
                height: info[1],
                // 速度
                speed: info[2],
                // 类型
                type: type,
                // 纵坐标
                y: -this.step * (i * 2 + Math.random()) - 500
            })
```

```
            // 向 UI 模块发布重置障碍汽车的消息
            this.trigger('ui.reset.car', this.cars[i], i)
        }
    },
})
```

7.12 更新障碍汽车

当游戏开始后，每次更新障碍汽车的位置，让障碍汽车从界面上部移动到下部，并且要检测障碍汽车之间是否要相撞。如果将要相撞，将其速度同步，并且拉开固定距离。实现程序如下。

```
Ickt('Car', {
    // ......
    // 检测是否撞击：可能是用户的赛车与障碍汽车相撞，也可能是障碍汽车之间的碰撞
    checkKnocked: function(car) {
        // 查找与 car 相撞的汽车
        return this.cars.find(function(item, index) {
            // 不是同一个汽车，并且在同一个跑道上 car 的顶部在 item 汽车内部或者 car
            // 的底部在 item 汽车内部
            return car !== item && (car.lane == item.lane) && ((car.y > item.y &&
            car.y < item.y + item.height)||(car.y + car.height > item.y && car.y +
            car.height < item.y + item.height))
        })
    },
    // 游戏更新
    gameUpdate: function() {
        // 遍历障碍汽车，判断相互之间是否相撞
        this.cars.forEach(function(car, index) {
            // 更新汽车的纵坐标
            car.y += car.speed;
            // 获取碰撞结果
            var result = this.checkKnocked(car);
            // 如果有相撞的汽车，为了避免障碍汽车之间的撞击，设置两者的间距是 5px
            if (result) {
                // 如果 car 在 result 汽车上面
                if (car.y <= result.y) {
                    // car 与 result 汽车的间距是 5px
                    car.y = result.y - car.height - 5
                // 如果 car 在 result 汽车底部
                } else {
                    // car 与 result 汽车的间距是 5px
                    car.y = result.y + result.height - 5
                }
                // 两辆汽车的速度一致
                car.speed = result.speed
            }
            // 如果汽车超出视图高度
            if (car.y > this.height) {
                // 重置该汽车
                this.resetCar(car)
                // 发布重置汽车的消息
                this.trigger('ui.reset.car', car, index)
            } else {
                // 渲染该汽车
                this.trigger('ui.render.car', car.y, index)
```

```
            }
        }.bind(this))
    },
    // 重置汽车
    resetCar: function(car) {
        // 随机产生一种类型
        var type = this.random(this.carInfo.length, true);
        // 获取该类型汽车的信息
        var info = this.carInfo[type];
        // 随机产生车道
        car.lane = this.random(3, true);
        // 设置宽度
        car.width = info[0];
        // 设置高度
        car.height = info[1];
        // 设置速度
        car.speed = info[2];
        // 设置类型
        car.type = type;
        // 随机产生纵坐标
        car.y = -this.step * (2 * Math.random())
    },
    // 检测用户的赛车是否与障碍汽车相撞
    checPlayerkKnocked: function(car) {
        // 如果相撞
        if (this.checkKnocked(car)) {
            // 游戏结束
            this.trigger('game.over')
        }
    },
    // 赛车减速
    knockBreak: function() {
        this.cars.forEach(function(car) {
            // 保证赛车虚拟速度大于 2
            if (car.speed > 2) {
                // 赛车减速
                car.speed -= 1;
            }
        })
    }
})
```

7.13 订阅消息

要订阅用户的赛车模块发布的检测汽车相撞的消息，以及车道模块发布的用户轧过减速带的消息，实现程序如下。

```
Ickt('Car', {
    // ......
    // 订阅消息
    message: {
        // 检测障碍汽车
        'car.checPlayerkKnocked': 'checPlayerkKnocked',
        // 用户的赛车轧过减速带，障碍汽车相对减速
        'car.knockBreak': 'knockBreak'
```

```
    },
    // ......
    // 检测用户的赛车是否与障碍汽车相撞
    checPlayerkKnocked: function(car) {
        // 如果相撞
        if (this.checkKnocked(car)) {
            // 游戏结束
            this.trigger('game.over')
        }
    },
    // 赛车减速
    knockBreak: function() {
        this.cars.forEach(function(car) {
            // 保证赛车虚拟速度大于 2
            if (car.speed > 2) {
                // 赛车减速
                car.speed -= 1;
            }
        })
    }
}))
```

"好了，小白，程序开发完了，赶紧去体验吧！"小铭说。

于是小白在 index.html 底部的标签内执行 Ickt 方法，并传递相关配置。实现程序如下。

```
Ickt({
    // 设置容器元素
    container: '#app'
// 启动游戏
})();
```

小白打开浏览器，刷新了页面，导入程序并体验着自己开发的游戏（见图 7-3），琢磨着如何提高自己的赛车技术。

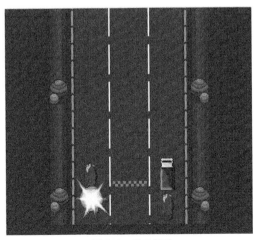

▲图 7-3　游戏体验

下一章剧透

在本章中我们实现了游戏模块，基于 RAF 方法，封装了游戏模块，提高了游戏的流畅性并优化了开发效率。可以在各个模块中直接订阅游戏更新的消息，但是每次更新视图，都要向 UI 模块发送请求，并且在 UI 模块中分析数据，使用 DOM 操作服务方法，更新视图。如果游戏很庞大，这样会影响我们的开发效率，如何能够在更新数据的时候直接映射到视图中呢？这就要用到 MVVM 模式，在下一章中我们将基于 MVVM 模式实现组件扩展类，让模块具有结构和样式并升级为组件，通过数据双向绑定提高我们的开发效率，并创建一些常用指令，让视图模板的功能更加强大。

我问你答

（1）根据玩家玩游戏坚持的时间长度，如何适当地提高游戏难度呢？

（2）我们的游戏只涉及直线跑道上的赛车，如何实现弯道赛车呢？

附件

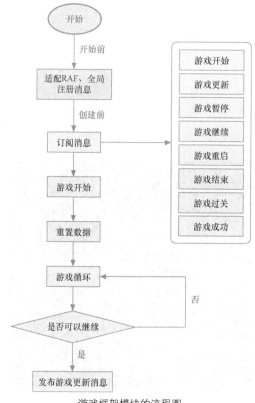

游戏框架模块的流程图

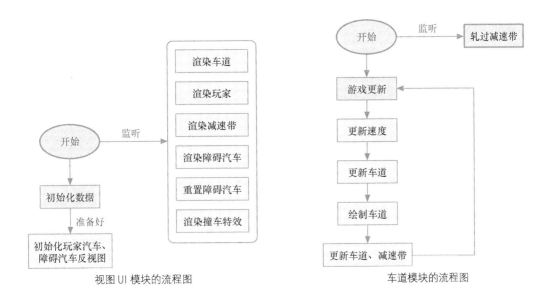

视图 UI 模块的流程图

车道模块的流程图

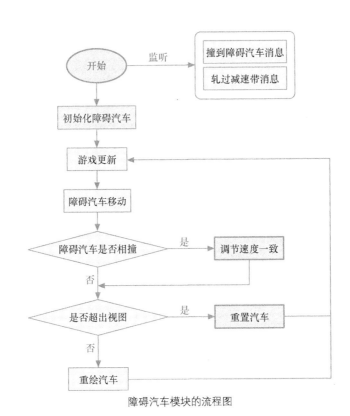

障碍汽车模块的流程图

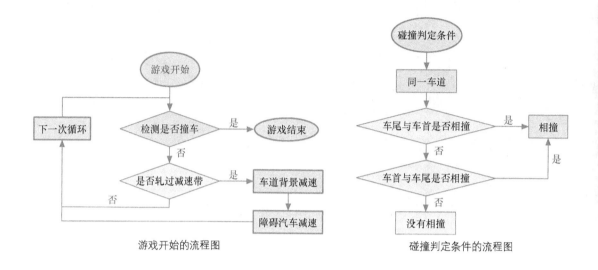

游戏开始的流程图　　　　　　　　碰撞判定条件的流程图

车1的首与车2的尾相撞　　　　　　　车1的尾与车2的首相撞

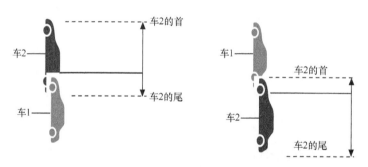

撞车示例的示意图

第8章 《连连看》、组件开发以及 MVVM 模式中的数据双向绑定和自定义指令

游戏综述

《连连看》又称《对对卡》，它是一种图案配对游戏，也是一种比眼力的游戏。该游戏规则简单，容易上手，画面清晰可爱，适合细心的玩家。

游戏玩法

《连连看》考验的是玩家的眼力。在有限的时间内，只要把所有能连接的相同图案，两个一对地找出来，每找出一对，它们就会自动消失。只要把所有的图案全部消完，即可获得胜利。

所谓能够连接，指得是无论横向或者纵向，从一个图案到另一个图案之间的连线不能超过两个弯，其中，连线不能从尚未消去的图案上经过。

项目部署

css：样式文件夹。

style.css：全局样式。

img：图片文件夹（相关图片省略）。

js：前端模块文件夹。

services：游戏服务目录。

links.js：连连看服务。

player.js：用户模块。

process.js：游戏进度模块。

ui.js：视图 UI 模块。

map.js：游戏地图模块。

index.html：项目入口文件。

lib：前端库文件夹。

ickt.js：Ickt 核心库文件。

class：扩展类目录。

component.js：组件扩展类。

modules：模块目录。

game.js：游戏模块。

css：全局样式文件夹。

reset.css：全局 reset 样式。

入口文件

```
index.html 文件
<!DOCTYPE html>
```

```
<html lang="en">
<head>
    <meta charset="UTF-8">
    <meta name="viewport" content="initial-scale=1,maximum-scale=1,minimum-scale=1,
user-scalable=no,width=device-width">
    <link rel="stylesheet" type="text/css" href="../css/reset.css">

    <title>连连看游戏</title>
</head>
<body>
    <div id="app">
        <div class="process"></div>
        <div class="list"></div>
    </div>
<script type="text/javascript" src="../lib/ickt.js"></script>
<script type="text/javascript" src="../lib/class/component.js"></script>
<script type="text/javascript" src="../lib/modules/game.js"></script>
<script type="text/javascript" src="js/player.js"></script>
<script type="text/javascript" src="js/map.js"></script>
<script type="text/javascript" src="js/process.js"></script>
<script type="text/javascript" src="js/ui.js"></script>
<script type="text/javascript" src="js/services/links.js"></script>
<script type="text/javascript">
    Ickt()
</script>
</body>
</html>
```

8.1　MVVM 模式

“小白，现在 MVVM 模式很火，如何将这类模式应用在咱们的游戏开发中呢？”小铭问。

“MVVM 模式？Angular、Vue 或者 React 中实现的那种模式吗？”小白问。

“是呀，你不觉得用它的开发效率很高吗？我们维护一套数据，而视图会自动地根据数据进行渲染。”小铭说。

“确实是，之前开发页面的时候用过，MVVM 模式很好用。”小白说。

“所以我们要想一想如何应用 MVVM 模式，因为如果通过 MVVM 模式操作视图，我们开发页面交互的视图组件将方便多了。”小铭说。

“小铭，你有什么好的建议吗？”小白问。

8.2　组件生命周期

“我们开发游戏，主要开发业务层，因此定义更方便，但是对于有视图交互的游戏我们可以参考 React、Vue 甚至 Angular（从 Angular 2.0 开始，包括最新的 7.0 也是基于组件开发的）的组件开发思想。当然，为了实现组件，我们可以在原有的模块类上进行扩展，组件要比模块多出样式和视图模板，因此处理组件与处理模块就有些差别了。参考其他框架的组件开发，我们可以基于模块原有的生命周期方法专门为组件扩展一些生命周期方法，如模型数据初始化后、数据绑定后、视图编译后、组件更新前、组件更新后、组件销毁前等，这样与模块生命周期结合，生命周期钩子方法就更加丰富了。"小铭解释道。

下面介绍完整的生命周期。

创建期的 8 个阶段如下。

（1）模块安装前（beforeInstall）：定义组件模块之前，可以定义全局配置。

（2）模块创建前（beforeCreate）：此时组件尚无任何数据。

（3）数据初始化（initState）：此时组件数据和监听序列已经初始化。

（4）数据绑定完成（dataBound）：此时组件数据已经绑定。

（5）组件编译完成（compiled）：此时组件视图已经编译。

（6）模块初始化（initialize）：此时组件实例化并可以注入服务。

（7）模块创建完成（afterCreated）：此时组件已创建。

（8）所有模块实例化完成（ready）：此时所有模块（包括组件）已经创建。

存在期的两个阶段如下。

（1）组件更新前（beforeUpdate）：组件数据已经更新，发生在视图更新前。

（2）组件更新完成（updated）：组件数据已经更新，发生在视图更新后。

在销毁期中只有一个阶段。组件销毁前（beforeDestory）表示组件销毁之前的那段时间。

为了能够添加组件生命周期方法，小铭在组件扩展类的钩子方法中加入了生命周期方法，处理了相关逻辑并初始化了组件相关数据。实现程序如下。

```
// 扩展组件类
Ickt(Ickt, {
    Component: {
        // 以下为组件扩展的生命周期方法
        // 数据初始化
        initState: function() {},
        // 数据已绑定
        dataBound: function() {},
        // 组件已编译
```

```
        compiled: function() {},
        // 组件更新前
        beforeUpdate: function() {},
        // 组件已更新
        updated: function() {},
        // 生命周期钩子方法
        _hooks: function() {
            // 数据初始化
            this.$$initState();
            // 数据已经初始化
            this.initState();
            // 绑定数据
            this.$$bindData();
            // 数据已绑定
            this.dataBound();
            // 组件编译视图模板
            this.$$compileStart();
            // 组件视图模板已编译
            this.compiled();
        },
    }
})
```

8.3 绑定数据

为了绑定数据，首先初始化数据。实现程序如下。

```
// 扩展组件类
Ickt(Ickt, {
    Component: {
        // 默认绑定的数据
        data: {},
        // 数据初始化
        $$initState: function() {
            // 初始化数据
            this.$$data = {};
            // 初始化数据监听序列
            this.$$queue = {};        // 将监听队列设置在实例化对象中
        },
    }
})
```

　　然后是比较重要也比较困难的操作了。要实现数据的绑定，也就是说，为 data 绑定数据，因此要遍历 data 的每个属性，并要递归遍历每个子属性对象的属性，为其设置特性监听器。当发现数据更新的时候，要发布数据更新的消息。添加了特性监听器后，获取数据或者读取数据都要经过特性监听器，因此，为了方便渲染模块使用数据，我们定义以$为前缀的代理数据。实现程序如下。

```
// 扩展组件类
Ickt(Ickt, {
    Component: {
        // 为组件绑定数据
        $$bindData: function() {
            // 将数据属性名称转换成数组
            var keys = Object.keys(this.data);
            // 遍历属性名称
            keys.forEach(function(key) {
                // 为对象的子属性对象绑定监听器
                this.$$walk(key, this.data[key])
                // 绑定数据监听器
                this. $$ defineDataProperty(this.data, key, this.data[key],key)
                // 设置数据的代理属性
                this.$$propertyProxy('data', key)
            }.bind(this))
        },
        /***
         * 逐层遍历属性，绑定特性监听器
         * @message 消息命名空间，为了简化监听器的消息结构，我们以最外层属性名称作为消息名称
         * @obj 解析的对象，将为其每个属性及其子属性设置监听器
         **/
        $$walk: function(message, obj) {
            // 通过字符串调用 keys 方法，返回索引值数组
            if (!obj || typeof obj === 'string') {
                return
            }
            // 获取对象属性名称
            var keys = Object.keys(obj);
            // 遍历对象属性名称
            keys.forEach(function(key, index) {
                // 递归调用，遍历所有子属性对象的属性
                this.$$walk(message, obj[key])
                // 为了简化监听，都触发父级消息
                this.$$defineDataProperty(obj, key,obj[key], message)
            }.bind(this))
        },
        /***
         * 为属性绑定特性监听器，当数据更新发布消息后更新视图
         * @obj          解析的对象，将为其每个属性及其子属性设置监听器
         * @key          属性名称
         * @value        属性值
         * @message      消息命名空间
         **/
        $$defineDataProperty: function(obj, key, value, message) {
            // 设置特性监听器
            Object.defineProperty(obj, key, {
                // 可以枚举
                enumerable: true,
                // 可以配置
                configurable: true,
                // 取值器方法
```

```
            get: function() {
                // 为了简化取值器，直接返回数据值
                return value
            },
            // 赋值器方法
            set: function(val) {
                // 如果值相等，说明数据没有更新，返回
                if (val === value) {
                    return;
                }
                // 如果更新的是对象，重新遍历其属性，并设置监听器
                this.$$walk(message, val)
                // 更新数据
                value = val;
                // 发布命名空间消息，更新视图
                this.$$notify(message, key)
            }.bind(this)
        })
    },
    // 带$的变量给模板用，并为它们设置特性；不带$的变量给模块用，不为它们设置特性（不要弄混）
    $$propertyProxy: function(sourcekey, key) {
        // 供模板使用
        Object.defineProperty(this, '$' + key, {
            // 可枚举
            enumerable: true,
            // 可配置
            configurable: true,
            // 取值器方法
            get: function() {
                return this[sourcekey][key]
            },
            // 赋值器方法
            set: function(value) {
                return this[sourcekey][key] = value;
            }
        })
    },
    }
})
```

8.4　监听器消息

　　在修改数据时，为了能够让组件自动更新视图，我们要订阅监听器消息，监听数据的变化。当然，最终要把这些消息放在之前初始化的消息队列$$queue属性中。这里为了简化消息队列的类型，当数据更新的时候，更快地发布消息，我们可以以根属性的名称作为数据中的每个属性监听器订阅事件的名称（当然，如果要细化事件分类，当数据修改的时候精确地获取消息类型，可以以子属性名称作为事件名称）。不过这么做以后，消息的回调函数量还是巨大的，因为数据足够复杂，在模板中使用得多，消息回调函数就会剧增，当达到一定量级的时候，也会

造成卡顿现象。为了解决这类性能问题，我们做两次优化。第一次性能优化是：当在一个指令中出现对象的多个子属性时，理论上要为每个子属性订阅一个事件回调函数，不过我们可以优化为一次。第二次性能优化是：在订阅的时候，我们为每个回调函数指明一个 id，该 id 为指令表达式，当我们发布消息的时候，我们可以在回调函数序列中寻找包含该消息命名空间的回调函数并执行。实现程序如下。

```
    // 扩展组件类
Ickt(Ickt, {
    Component: {
      /***
       * 为数据监听器订阅消息
       * @key           消息字符串
       * @cb            消息回调函数
       ***/
      $watch: function(key, cb) {
          // 通过消息字符串获取消息命名空间
          key.replace(/\$(\w+)\b/g, function(match, $1) {
              // 如果该类消息序列不存在，创建新数组
              this.$$queue[$1] = this.$$queue[$1] || [];
              // 移除原来的回调方法,避免重复添加
              // 是否已经添加过具有该消息字符串的消息回调函数
              var index = this.$$queue[$1].findIndex(function(item){
                  return item.$$id === key;
              })
              // 如果存在
              if (!!~index) {
                    // 删除原来的
                    this.$$queue[$1].splice(index, 1)
              }
              // 添加新的消息回调函数
              var fn = cb.bind(this,this.$$createStaticFn(key),this,$1);
              // 设置消息字符串的 id
              fn.$$id = key;
              // 将消息回调函数添加到消息队列中
              this.$$queue[$1].push(fn)
          }.bind(this))
      },
      /***
       * 为数据监听器发布消息
       * @key           消息名称
       * @id            回调函数 id 所包含的字段
       **/
      $$notify: function(key, id) {
          // 有两次优化：第一次是在$watch 中，相同的处理函数只添加一次；第二次是在发布时，包含
              // id 的回调函数可以执行
          // 如果消息队列存在
          if (this.$$queue[key] && this.$$queue[key].length) {
                // 组件生命周期——组件更新前的回调函数
                this.beforeUpdate();
                // 组件更新视图
```

```
                this.$$queue[key].forEach(function(cb) {
                    !!~cb.$$id.indexOf(id) && cb()
                })
                // 组件生命周期——组件更新完毕
                this.updated();
            }
        },
    }
})
```

有了这些数据监听器，并实现了为数据监听器订阅消息的$watch 方法，接下来就可以解析模板中的指令和订阅消息了。

8.5 确定模板

在解析编译模板之前，我们还需要一些准备工作。首先，确定样式，确定容器元素。然后，获取模板，并编译模板。接着，执行脏值检测工作，将渲染绑定的数据。最后，将编译的内容渲染到视图中。实现程序如下。

```
// 扩展组件类
Ickt(Ickt, {
    Component: {
        // ......
        // 默认容器元素
        el: 'body',
        // 默认模板
        template: '',
        // 默认样式
        style: '',
        // 开始编译
        $$compileStart: function() {
            // 初始化样式
            this.$$initStyle();
            // 确定模板
            this.$$dom = this.$$ensureElement();
            // 编译容器元素
            this.$$compile(this.$$dom);
            // 脏值检测
            this.$digest()
            // 获取组件容器元素
            var container = document.querySelector(this.el);
            // 如果容器元素存在
            if (container) {
                // 用编译后的视图替换页面中的视图
                container.appendChild(this.$$dom.children[0])
            } else {
                // 如果容器元素不存在，提示用户
                Ickt('请创建容器元素: ' + this.el)
```

205

```
                }
            },
            // 初始化样式
            $$initStyle: function() {
                // 如果没有定义样式，则返回
                if (!this.style) {
                        return;
                }
                // 如果是样式字符串
                if (~this.style.indexOf(')')) {
                        // 创建样式标签
                        var style = document.createElement('style');
                        // 设置样式
                        style.innerText = this.style;
                // 否则是样式文件地址
                } else {
                        // 创建 link 标签以导入样式
                        var style = document.createElement('link');
                        style.rel = 'stylesheet';
                        style.href = this.style;
                }
                // 设置样式类型
                style.type = 'text/css';
                // 渲染样式
                document.head.appendChild(style)
            },
            // 确定容器元素
            $$ensureElement: function() {
                // 创建根元素
                var div = document.createElement('div')
                // 如果是模板字符串
                if (~this.template.indexOf('<')) {
                        // 直接渲染
                        div.innerHTML = this.template;
                // 否则，使用 CSS 选择器
                } else {
                        // 在页面中获取模板，并渲染
                        div.innerHTML=document.querySelector(this.template).innerHTML
                }
                // 返回容器元素
                return div
            },
        }
    })
```

8.6　模板编译

确定模块之后，我们要编译模板中的每一个元素。在模板中自定义属性可能是指令，在模板中元素内容可能是插值语法，因此我们要解析它们并逐一编译。实现程序如下。

```
// 扩展组件类
Ickt(Ickt, {
    Component: {
        // ......
        // 开始编译模板
        $$compile: function(dom, needExec) {
            // 获取所有元素，逐一遍历
            dom.querySelectorAll('*').forEach(function(item, index) {
                // 编译属性指令，attributes 是类数组对象
                this.$$compileDirectives(item.attributes,item,index,needExec);
            }.bind(this))
            // 获取所有元素，逐一遍历
            dom.querySelectorAll('*').forEach(function(item, index) {
                // 编译文本指令
                this.$$compileTextNodes(item.childNodes,item,index,needExec);
            }.bind(this))
            // 返回容器元素
            return dom;
        },
    }
})
```

8.7 指令编译

　　"在处理指令之前，我们可以对指令分类。如果把插值看成指令，共有 4 类指令，分别是事件指令、属性指令、功能指令与插值指令，我们认为指令以 i-开头（除了插值指令之外）。它们代表的功能分别是：事件指令用于绑定事件，属性指令用于动态设置属性，功能指令用于实现某个功能，插值指令用于动态设置元素内容。但是为了区分类型以及简化设置，我们为它们定义语法糖（语法糖是对指令的简化），如用()定义事件指令，用 ":" 定义属性指令，用 "[]" 定义功能指令，用 "{##}" 表示插值指令。"小铭接着说，"为了顺利地获取指令并进行匹配，我们为这些语法糖定义正则表达式。"实现程序如下。

```
Ickt(Ickt, {
    Component: {
        // ......
        // 匹配指令的正则表达式
        $$directiveRegExp: {
            // 4 类指令语法糖——事件指令、插值指令、属性指令、功能指令
            // 事件指令：i-on:click="fn()" 或者 (click)="fn()"
            // 属性绑定：i-bind:title="str" 或者 :title="str"
            // 功能指令：i-show="isShow" 或者 [show]="isShow"
            // 插值指令：{#title#}
            subTypeRE: {
                // 事件指令正则表达式
                Event: /^\((\w+)\)|^i-on:(\w+)/g,
                // 属性绑定指令正则表达式
                Bind: /^:(\w+)|^i-bind:(\w+)/g,
```

```
                        // 功能指令正则表达式
                        Action: /^\[(\w+)\]|^i-(\w+)$/g,
                },
                // 插值正则表达式
                htmlSignRE: /\{#((?:.|\n)+?)#\}/g,
        },
        /***
         *  编译指令
         *  @attr               属性节点
         *  @item               属性所在元素
         *  @index              元素索引值
         *  @needExec           是否需要立即执行
         **/
        $$compileDirectives: function(attrs, item, index, needExec) {
                // 获取指令正则表达式
                var REG = this.$$directiveRegExp;
                // 将类数组转换成数组
                Array.from(attrs)
                        // 遍历每个属性
                        .forEach(function(attr, index) {
                                // 遍历正则表达式
                                for (var re in REG.subTypeRE) {
                                        // 如果正则表达式匹配
                                        if (REG.subTypeRE[re].test(attr.name)) {
                                                // 处理指令
                                                this.$$subscribeBuilding({
                                                        // dom: item,
                                                        node: attr,
                                                        dom: item,
                                                        key: attr.name,
                                                        value: attr.value,
                                                        regKey: re,
                                                        regValue:REG.subTypeRE[re]
                                                }, needExec)
                                                // 移除指令
                                                item.removeAttribute(attr.name)
                                                return ;
                                        }
                                }
                        }.bind(this))
        },
        /***
         *  编译指令
         *  @options            指令对象
         *  @needExec           是否需要立即执行
         **/
        $$subscribeBuilding: function(options, needExec) {
                // 执行指令编译方法
                this['$$parse' + options.regKey](options, needExec)
        },
    }
})
```

8.8   事件指令

为了将指令按类型区分开，要实现这些指令。这里处理事件指令。事件指令的功能是绑定事件，因此要根据事件类型定义事件，并且在组件中获取相应名称的事件回调函数。如果有形参，我们还要找到这些参数并传递进去。实现程序如下。

```
// 扩展组件类
Ickt(Ickt, {
    Component: {
        // ......
        // 处理事件指令
        $$parseEvent: function(options) {
            // 匹配事件指令
            options.key.replace(options.regValue,function(match,$1,$2){
                // 绑定$1 || $1 左边正则表达式匹配或者右边正则表达式匹配的事件
                options.dom.addEventListener($1||$2,this.$$createEventFn(options.value))
            }.bind(this))
        },
        // 创建事件指令回调函数
        $$createEventFn: function(str) {
            // 返回事件回调函数，并绑定作用域
            return new Function('$event','with(this){return'+str+'}').bind(this);
        },
    }
})
```

8.9   属性指令

在属性指令中，我们要为属性值中出现的变量订阅消息。当这些属性值变化的时候，要更新视图。另外，在页面中，我们不希望用户看到这些指令，因此还可以将这些自定义指令属性删除。实现程序如下。

```
// 扩展组件类
Ickt(Ickt, {
    Component: {
        // ......
        // 处理属性指令
        $$parseBind: function(options, needExec) {
            // 匹配属性指令
            options.key.replace(options.regValue,function(match,$1,$2){
                // 为数据监听器注册消息
                this.$watch(options.value, function(getValueFn) {
                    // 设置属性值
                    options.dom.setAttribute($1 || $2, getValueFn())
                })
                // 如果需要立即执行
```

```
                if (needExec) {
                    // 更新属性值
                    options.dom.setAttribute($1||$2,this.$$createStaticFn(options.value)())
                }
            }.bind(this))
        },
        // 创建静态方法
        $$createStaticFn: function(str) {
            // 返回方法
            return new Function('with(this){return'+str+'}').bind(this);
        },
    }
})
```

8.10 功能指令

要为指令扩展功能，首先要确保全局指令池（存储指令的容器）具有功能指令，这就允许我们在不同的游戏项目中自定义功能指令了。当解析这类功能指令时，我们从全局指令池中获取该类型的功能指令，处理数据，并且还要监听数据的变化，因此要注册消息。在解析过程中，如果功能指令不存在，要提示用户。最后，功能指令处理完，我们还要删除该功能指令的自定义属性。实现程序如下。

```
// 扩展组件类
Ickt(Ickt, {
    Component: {
        // ......
        // 指令池
        $$directives: {},
        // 处理功能指令
        $$parseAction: function(options, needExec) {
            // 匹配功能指令
            options.key.replace(options.regValue,function(match,$1,$2){
                // 如果指令存在
                if (this.$$directives[$1 || $2]) {
                    // 从指令池中，获取相应指令并执行
                    var fn = this.$$directives[$1||$2].call(this,options);
                    // 需要立即执行
                    if (needExec) {
                        // 执行指令回调方法
                        fn(this.$$createStaticFn(options.value))
                    }
                    // 为数据监听器注册消息
                    this.$watch(options.value, fn)
                } else {
                    // 指令不存在，提示用户
                    Ickt.error(($1 || $2)+'directive not find!');
                }
            }.bind(this))
```

```
        },
        // 添加指令
        directive: function(obj) {
            // 将指令添加到指令池中
            Ickt(this.$$directives, obj)
        },
    }
}))
```

8.11 插值指令

  插值指令与其他类型的指令还是有些不一样。插值指令用于解析元素内容，而不是属性，因此对于它们就要特殊对待，并且不能像其他指令那样，定义相同的指令对象，毕竟指令的结构是不同的。在处理插值指令时，首先要把插值指令转换成一个可执行的语句字符串，然后在函数构造器中执行该语句字符串，并将得到的结果渲染在视图中。实现程序如下。

```
// 扩展组件类
Ickt(Ickt, {
    Component: {
        // ......
        /***
         * 编译文本节点
         * @attr            属性节点
         * @item            属性所在元素
         * @index           元素索引值
         * @needExec        是否需要立即执行
         **/
        $$compileTextNodes: function(nodes, item, index, needExec) {
            // 获取插值正则表达式
            var REG = this.$$directiveRegExp;
            // 将类数组转换成数组
            Array.from(nodes)
                // 遍历每个属性
                .forEach(function(childItem, childIndex) {
                    // 如果是文本节点，并且符合插值表达式
                    if (childItem.nodeType === 3 && REG.htmlSignRE.test
                        (childItem.nodeValue)) {
                        // 编译插值
                        this.$$parseText(childItem,REG.htmlSignRE,needExec)
                    }
                }.bind(this))
        },
        /***
         * 解析插值
         * @node            文本节点
         * @re              匹配正则
         * @needExec        是否立即执行
         **/
        $$parseText: function(node, re, needExec) {
```

211

```
        // 语句集
        var tokens = [];
        // 文本内容
        var text = node.nodeValue;
        // 重置 re
        var lastIndex = re.lastIndex = 0;
        // 匹配字段和索引值
        var match, index;
        // 依次匹配插值指令
        while(match = re.exec(text)) {
                // 获取索引值
                index = match.index;
                // 插值左边的字符
                if (index > lastIndex) {
                        // 保证是语句字符串 JSON.stringify
                        tokens.push(JSON.stringify(text.slice(lastIndex,index)))
                }
                // 向语句集中添加语句
                tokens.push(match[1].trim())
                // 更新索引
                lastIndex = index + match[0].length;
        }
        // 插值右边的字符
        if (lastIndex < text.length) {
                tokens.push(JSON.stringify(text.slice(lastIndex)))
        }
        // 解决插值中没有变量无法替换的问题 (没有变量，无法监听)
        if (!~tokens.join('+').indexOf('$') || needExec) {
                // 直接设置内容
                node.nodeValue=this.$$createStaticFn(tokens.join('+'))();
        } else {
                // 为数据监听器注册消息
                this.$watch(tokens.join('+'),function(getValueFn,model){
                        // 更新数据，更新内容
                        node.nodeValue = getValueFn();
                })
        }
    },
  }
})
```

8.12 脏值检测

　　模板解析完之后，我们执行一次脏值检测方法，将所有绑定的数据同步到视图中。实现程序如下。

```
// 扩展组件类
Ickt(Ickt, {
    Component: {
        // ......
```

```
            // 脏值检测
            $digest: function() {
                    // 遍历数据监听器的消息队列
                    Object.values(this.$$queue)
                        // 遍历消息序列
                        .forEach(function(arr) {
                                // 注意，执行每个消息回调函数
                                arr.forEach(function(cb) {
                                        cb()
                                })
                        })
            },
        }
})
```

8.13 组件销毁

当然，组件不是永生的，可以销毁它，因此我们提供了销毁方法。当执行销毁方法的时候，我们要执行组件的最后一个周期方法——destroy()，并且将组件从页面中移除。实现程序如下。

```
// 扩展组件类
Ickt(Ickt, {
    Component: {
        // ......
        // 销毁组件
        $$destory: function() {
            // 使用 Ickt 模块基类的 destory 方法销毁组件
            this.destory();
            // 从容器元素中删除该组件根元素
            this.$$dom.parentNode.removeChild(this.$$dom)
        }
    }
})
```

"这样，我们就编译完组件了，在组件中可能会出现了很多指令。接下来，我们就要定义这些指令对象，方便我们在开发中使用。"小铭说。

"那么我们要定义多少指令呢？"小白问。

"参考 Angular 和 Vue，定义常用的指令就够了。"小铭说。于是小白继续在组件模块下写了指令代码。

8.14 绑定内容

将插值语法写在页面中之后，当刷新页面的时候，插值语法可能会闪烁。为了解决这类问题，我们可以定义 i-html 指令来代替插值语法。实现程序如下。

```
// 自定义指令
Ickt.Component.directive({
    /***
     * 设置 HTML 内容的指令
     * @options              指令对象
     **/
    html: function(options) {
        /***
         * 返回指令方法
         * @getValueFn           获取指令的值
         * @model                实例化对象
         * @id                   消息命名空间
         **/
        return function(getValueFn, model, id) {
            // 设置内容
            options.dom.innerHTML = getValueFn()
        }
    }
})
```

定义完 i-html 指令，小铭在 index.html 中写下了测试代码。由于指令的属性值提供了 JavaScript 环境，因此在指令中使用了 JavaScript 表达式。实现程序如下。

```
<div id="demo"></div>
<script type="text/javascript">
// 通过 Demo 模块继承组件
Ickt('Demo', 'Component', {
        // 组件渲染的容器元素
        el: '#demo',
        // 定义样式
        style: '#demo { color: red }',
        // 定义模板
        template: `<h1 i-html="$title+'--'+$title.toUpperCase()"></h1>`,
        // 绑定的数据
        data: {
            // 定义 title
            title: 'hello ickt!'
        }
})
</script>
```

打开浏览器刷新页面，看到了组件视图中渲染的标题（见图 8-1）。

hello ickt!--HELLO ICKT!

▲图 8-1　组件视图中渲染的标题

8.15 绑定样式

为了能够动态设置样式，并且方便设置样式，我们定义 i-style 指令，来动态地绑定样式指令。通过该指令，还可以代替行内式样式字符串的设置，定义样式对象，让样式看起来更清晰。实现程序如下。

```
// 自定义指令
Ickt.Component.directive({
    // 动态绑定样式指令
    style: function(options) {
        /***
         * 返回指令方法
         * @getValueFn          获取指令的值
         **/
        return function(getValueFn) {
            // 获取结果
            var result = getValueFn();
            // 如果是行内式字符串
            if (typeof result === 'string') {
                // 直接设置
                options.dom.style = result;
            // 如果是对象
            }else if(Ickt.toString.call(result)==="[object Object]"){
                // 定义行内式字符串
                var str = '';
                // 解析对象
                for (var i in result) {
                    // 将驼峰式命名方式转换成横线分隔的形式，并设置内容
                    str+=i.replace(/([A-Z])/g,function(match,$1){
                        return '-' + $1.toLowerCase()
                    }) + ':' + result[i] + ';';
                }
                // 设置样式
                options.dom.style = str;
            }
        }
    }
})
```

8.16 数据双向绑定

MVVM 模式的特征就是数据双向绑定。在数据双向绑定中，当我们修改模型中的数据时，通过视图模型对象，会自动地将数据同步到视图中；当我们修改视图中的数据时，通过视图模型对象，会自动地将数据同步到模型中。不过到目前为止，我们实现的数据绑定只是单向的，将数据从模型同步到视图中。为了实现另一个方向的数据绑定，把数据由视图同步到模型中，我们实现 i-model 指令。为了实现数据双向绑定的功能，我们要做两件事。第一件事就是让数据由视图进入模型，也即是说，我们要绑定 DOM 事件，来监听视图中数据的变化，并同步给

模型。第二件事就是让数据由模型进入视图,为此,我们要为指令属性值数据注册消息,当数据改变的时候,修改元素的值。实现程序如下。

```
// 自定义指令
Ickt.Component.directive({
    // 数据双向绑定
    model: function(options) {
        // 定义获取数据的方法
        var fn=new Function('val','with(this){'+options.value+'=val;}');
        // 绑定键盘事件
        options.dom.addEventListener('keyup', function(e) {
            // 把视图更新同步到模型中
            fn.call(this, e.target.value)
        }.bind(this))
        /***
         * 返回指令的方法
         * @getValueFn          获取指令的值
         **/
        return function(getValueFn) {
            // 更新数据,同步到视图中
            options.dom.value = getValueFn();
        }
    }
})
```

8.17 显/隐指令

为了方便控制元素的显/隐,我们定义了 i-show 指令。当属性值为 true 时,通过修改 style. display 样式显示元素;当属性值为 false 时,通过修改 style.display 样式隐藏元素。实现程序如下。

```
// 自定义指令
Ickt.Component.directive({
    // 显/隐指令
    show: function(options) {
        /***
         * 返回指令的方法
         * @getValueFn          获取指令的值
         **/
        return function(getValueFn) {
            // 如果值为真
            if (getValueFn()) {
                // 显示元素
                options.dom.style.display = '';
            // 如果值为假
            } else {
                // 隐藏元素
                options.dom.style.display = 'none';
            }
        }
    }
})
```

8.18　创建/删除指令

为了可以动态地创建/删除元素，我们定义了 i-create 指令。这是一个模板指令。当属性值为 true 时，在对应位置创建这个元素；当属性值为 false 时，将该元素从页面中删除。与 i-show 指令不一样，这里是真正地创建或者删除元素，而不是通过 CSS 样式显/隐这个元素。实现程序如下。

```
// 自定义指令
Ickt.Component.directive({
    // 创建元素的指令
    create: function(options) {
        // 获取前一个元素
        options.nextSibling = options.dom.nextSibling
        // 获取父元素
        options.parentNode = options.dom.parentNode;
        // 指令函数
        return function(getValueFn, model) {
            // 获取值
            var val = getValueFn()
            // 如果值没变, 返回
            if (val === options.oldValue) {
                return
            }
            // 如果值为真
            if (val) {
                // 在父元素中插入该元素
                options.parentNode.insertBefore(options.dom,options.nextSibling)
            } else {
                // 从父元素中移除该元素
                options.dom.parentNode.removeChild(options.dom)
            }
            // 存储上一个值
            options.oldValue = val
        }
    }
})
```

8.19　循环指令

为了可以循环创建元素，我们定义了 i-repeat 指令。通过该指令可以循环一组数据，可以循环创建元素。另外，创建的元素上的其他指令也要生效，因此我们要对生成的元素模板再次编译，并且设置其指令值。实现程序如下。

```
// 自定义指令
Ickt.Component.directive({
    // 重复渲染模板的指令
    repeat: function(options) {
        // 解析指令值
```

```
            var matchIn = options.value.match(/(.*) in (.*)/),
                // 创建容器元素
                container = document.createElement('div'),
                // 获取元素
                dom = options.dom,
                // 获取前一个节点
                start = dom.previousSibling,
                // 获取后一个节点
                end = dom.nextSibling,
                // 获取父元素
                parent = dom.parentNode,
                // 定义模板
                tpl = '';
            // 如果指令的属性值不匹配正则表达式，提示用户
            if (!matchIn) {
                Ickt.error('i-repeat 指令语法错误:'+options.key+'="'+options. value + '"')
                return;
            }
            // 获取成员变量以及索引值变量
            var matchItemIndex = matchIn[1].match(/(\S*)\s*,\s*(\S*)/);
            // 获取索引值
            index = matchItemIndex[2]
            // 获取成员值
            alias = matchItemIndex[1]
            // 删除 v-for 属性
            dom.removeAttribute(options.key)
            // 将 dom 转换为字符串
            var div = document.createElement('div')
            // 设置内容
            div.appendChild(dom)
            // 获取模板字符串
            tpl = div.innerHTML;
            // 如果模板中有不存在的变量，要删除，避免编译
            var indexReg = new RegExp('[^\\.]?\\b' + index + '\\b', 'g');
            var aliasReg = new RegExp('[^\\.]?\\b' + alias + '\\b', 'g');
            // 更正监听的字段
            options.value = matchIn[2]
            // 指令方法
            return function(getValueFn) {
                    // 获取数据
                var data = getValueFn(),
                    // 定义结果
                    html = '';
                // 数据存在
                if (data && data.length) {
                    // 循环，复制字符串
                    data.forEach(function(dataItem, dataIndex) {
                        // 替换索引值
                        html += tpl.replace(indexReg, function(match) {
                            return match.replace(index, dataIndex)
                        // 替换变量
                        }).replace(aliasReg, function(match) {
                            return match.replace(alias,matchIn[2]+'['+dataIndex+']')
                        })
                    })
```

```
              // 将字符串转换为 dom
              container.innerHTML = html;
              // 重新编译该模板
              var result = this.$$compile(container, true)
              // 将 dom 插入页面中
              // 清除从 start 到 end 的元素
              var shouldDelete = false;
              // 转换成数组
              Array.from(parent.childNodes)
                  // 遍历节点
                  .forEach(function(nodeItem, nodeIndex) {
                      // 如果在起始节点之后
                      if (nodeItem === start) {
                          // 可以删除
                          shouldDelete = true;
                          return;
                      // 如果在节点之后
                      } else if (nodeItem === end) {
                          // 不能删除
                          shouldDelete = false;
                          return;
                      }
                      // 如果可以删除该节点，则删除该节点
                      if (shouldDelete) {
                          parent.removeChild(nodeItem);
                      }
                  })
              // 添加
              Array.from(container.childNodes)
                  // 逐一添加节点
                  .forEach(function(item) {
                      parent.insertBefore(item, end)
                  })
          }
      }
  }
})
```

"小白，现在我们的组件扩展类以及自定义指令创建完了，接下来就可以用这些新技术开发新游戏项目了。"小铭说。

8.20 《阿达连连看》

"小白，《阿达连连看》玩过吗？这也是一个操作视图的游戏，可以通过组件开发来完成这个游戏。"小铭说。

"《阿达连连看》呀，以前总玩，就是在一个桌面内将可以连在一起的相同图片删除，直到删除桌面上所有的图片，游戏就过关了。"小白说。

"是这样的，我们可以开发这样的游戏，顺便应用组件技术。"小铭说道。

"听起来不错，那么我们先做什么？先分析图片连接算法吗？"小白问。

"先等等，还没到这一步，我们可以先用组件技术创建视图，有了视图，我们再添加交互，最后在交互中探讨算法问题。"小铭说。

8.21 地图模块

"小白，基于 MVVM 模式开发项目要注意一点，就是数据驱动视图。也就是说，我们要维护一套数据，因为数据中有什么我们就可以渲染出什么样的视图，这也是这种开发模式的特点。至于数据是如何渲染到视图上的，就是视图模型对象要考虑的了，通常在其内部实现对视图的更新。对于我们来说，这是不透明的。我们要做的只有两件事。第一，创建并维护一套良好的数据。第二，定义模块并添加样式。因此，要遵循这类模式的一般开发流程。首先，获取数据。然后，根据数据定义模板。接着，基于数据将模块渲染出来后，为视图添加样式。最后，为模板添加交互，完成功能。"小铭对小白说。

"所以我们就要先创建这套数据。"小白说。

"是的，我们可以发送异步请求来获取数据。当然，我们的游戏比较简单，可以直接在地图模块中创建一个图片列表数组。"小铭说着让小白在 index.html 中导入 js/map.js 地图模块文件。程序如下。

```
// 地图模块
Ickt('Map', {
    // 游戏开始
    gameStart: function() {
        // 重置地图数据
        this.resetMap()
        // 初始化视图
        this.trigger('ui.init', this.list)
    },
    // 构造函数
    initialize: function() {
        // 不同图片的数量
        this.level = 18;
        // 行数
        this.repeat = 4;
        // 图片总数
        this.currentNum = this.total = this.level * this.repeat;
        // 一行排列的图片数
        this.oneLineNum = 12;
        // 行数
        this.lines = this.total / this.oneLineNum;
    },
    // 重置地图
    resetMap: function() {
        // 获取不同图片的数量
        var level = this.level;
```

```
        // 获取一行的图片数
        var oneLineNum = this.oneLineNum;
        // 根据图片总数，创建一维数组，乱序后，设置成员数据信息
        this.list=new Array(this.total).fill(0).map(function(value,index){
                return index
            // 乱序
            }).sort(function() {
                return Math.random() < .5 ? 1 : -1;
            // 设置每个成员的信息
            }).map(function(value, index) {
                return {
                    // 列
                    col: index % oneLineNum * 54,
                    // 行
                    row: parseInt(index / oneLineNum) * 54,
                    // 图片id,同一类图片的id相同
                    num: value % (level),
                    // 边框颜色，默认无颜色
                    color: '',
                    // 是否显示，默认显示
                    display: ''
                }
            })
    }
})
```

游戏启动后，地图模块向视图模块发布初始化视图的消息，并传递数据。因此，为了让游戏开始，小白在 index.html 文件中导入了 js/player.js 玩家模块文件，并在玩家模块中发布了游戏开始的消息。实现程序如下。

```
// 玩家模块
Ickt('Player', {
    // 模块加载完，游戏开始
    ready: function() {
        // 发布游戏开始的消息
        this.trigger('game.start')
    },
    // 游戏成功
    gameSuccess: function() {
        console.log('success')
    },
    // 游戏失败
    gameOver: function() {
        console.log('fail');
    }
})
```

8.22 视图模块

"小白，有了 MVVM 模式，再创建视图 UI 模块就简单多了，你只需要存储并维护一套数据，因为一旦数据发生改变，视图就会自动更新。"小铭说。

"那么我有什么需要注意的吗？"小白问小铭。

"有一点你可以注意一下，一旦为数据设置了特性监听器，也会监听原始数据。为了使地图模块中的数据不会被监听器监听，在视图 UI 模块中，可以先对接收的数据进行深复制，然后存储在 UI 视图模块中。"小铭说。

实现程序如下。

```
// UI 组件
Ickt('UI', 'Component', {
    // 组件渲染的容器元素
    el: '#app .list',
    // 样式
    style: 'css/style.css',
    // 模板选择器
    template: '#tpl_ui',
    // 绑定的数据
    data: {
        // 《连连看》中每幅图片的数据
        list: []
    },
    // 绑定的消息
    message: {
        // 初始化视图
        'ui.init': 'init',
        // 渲染视图
        'ui.render': 'render'
    },
    // 渲染一个成员
    render: function(index, item) {
        // 更细视图就是更新数据
        this.$list[index] = Object.assign({}, item);
    },
    // 初始化视图
    init: function(list) {
        // 对于 MVVM 模式中的数据驱动视图，初始化视图就是初始化数据
        this.$list = list.map(function(item) {
            // 复制该数据，防止在其他模块中修改数据会影响到 UI 模块
            return Object.assign({}, item)
        });
    },
    // 单击图片的回调函数
    chooseImage: function(id, index, e) {
        // 事件对象
        // console.log(e)
        // 向玩家模块发布选择图片的消息
        this.trigger('player.choose', id, index)
    },
})
```

我们定义的组件容器选择器是#app .list。为了让组件可以渲染出来，在 index.html 文件中创建了容器元素。实现程序如下。

8.22 视图模块

```
<div id="app">
      <div class="list"></div>
</div>
```

在 UI 模块中，导入了外部的模块和外部的样式。模板定义在了 index.html 的 template 模板标签内。实现程序如下。

```
<template id="tpl_ui">
    <ul>
        <li [repeat]="item, index in $list" i-style="{
            left: item.col + 'px',
            top: item.row + 'px',
            borderColor: item.color,
            display: item.display
        }"><img :src="'img/' + item.num+'.jpg'":alt="index"(click)=" chooseImage
            (item.num, index, $event)" /></li>
    </ul>
</template>
```

样式定义在了外部的 css/style.css 文件中。实现程序如下。

```
body {
    background: #fae685 url(../img/bg.jpg) center -15px no-repeat;
}
#app {
    width: 700px!important;
    position: relative;
    left: 2px;
    margin: 70px auto;
}
.list{
    width: 658px;
    margin: 0 auto;
}
.list ul {
    padding: 0;
    position: relative;
    height: 324px;
    width: 648px;
    border: 5px solid red;
}
.list ul li {
    width: 50px;
    border: 2px solid transparent;
    height: 50px;
    list-style: none;
    cursor: pointer;
    position: absolute;
}
.list ul li:hover,
.list ul li.hover {
    border: 2px solid red;
```

```
}
.list ul li.hide {
        border: 2px solid transparent;
}
.list ul li img {
        height: 50px;
        width: 50px;
}
```

程序开发完，小白打开浏览器并导入程序，刷新页面，《阿达连连看》游戏的界面就渲染出来了，如图 8-2 所示。

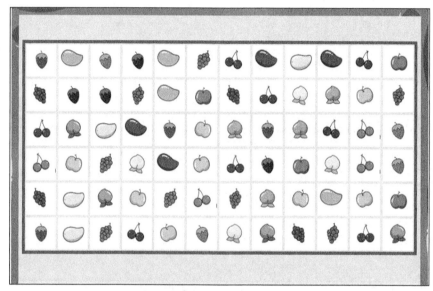

▲图 8-2 《阿达连连看》游戏的界面

8.23 游戏交互

"小白，我们在 UI 视图模块中为游戏绑定了必要的交互事件，所以我们就不需要在本游戏中导入事件模块了。不过，为了在 UI 视图模块中向用户模块发布单击图片的消息，我们还是要监听这个消息的，并且还要判断是否是第一次单击。如果是第一次单击，就不需要做连接检测，只需要将图片设置成选中状态，即边框飘红就行了；如果是第二次单击，就要检测是否连接了。如果连接成功，就要隐藏这两张图片；如果连接失败，则要取消第一张图片的选中状态，将后单击的图片设置成选中状态。"小铭说。

实现程序如下。

```
// 玩家模块
Ickt('Player', {
        // 注册消息
```

```
        message: {
            // 玩家选中图片
            'player.choose': 'chooseImage',
            // 玩家选择的两张图片可以连接
            'player.choose.right': 'chooseRight',
            // 玩家选择的两张图片不能连接
            'player.choose.wrong': 'chooseWrong'
        },
        // 构造函数
        initialize: function() {
            // 上一张图片的 id ( 用来判断是否是同一张图片 )
            this.lastImageId = 0;
            // 上一张图片的索引值 ( 图片 id 相同, 但是索引值不同 )
            this.lastIndex = 0;
            // 是否选中一张图片
            this.hasChoose = false;
        },
        // 选择一张图片
        chooseImage: function(id, index) {
            // 如果单击过, 判断两次单击是否匹配
            if (this.hasChoose) {
                // 如果图片 id 相同, 但是单击了同一张图片, 是不能连接的
                if (this.lastImageId===id&&this.lastIndex !==index){
                    // 发送消息, 比较两张图片
                    this.trigger('map.compare',index,this.lastIndex,id)
                } else {
                    // 单击错误, 更新 id 和索引值
                    this.chooseWrong(id, index)
                }
            // 没有单击过, 是第一次单击
            } else {
                // 设置第一次单击的 id
                this.firstChoose(id, index)
            }
        },
        // 选择正确
        chooseRight: function(id, index) {
            // 隐藏上一张图片
            this.trigger('map.hide', this.lastIndex)
            // 隐藏当前图片
            this.trigger('map.hide', index)
            // 正确地选中图片后, 用户要重新选择
            this.hasChoose = false;
        },
        // 选择错误
        chooseWrong: function(id, index) {
            // 不相等, 当前图片被选中, 取消选中上一张图片
            this.trigger('map.change', this.lastIndex, '')
            this.trigger('map.change', index, 'red')
            // 更新 id
            this.lastImageId = id;
            // 更新索引值
            this.lastIndex = index;
        },
        // 第一次选中
        firstChoose: function(id, index) {
            // 将当前图片变成红色
```

```
        this.trigger('map.change', index, 'red')
        // 存储 id
        this.lastImageId = id;
        // 存储索引值
        this.lastIndex = index;
        // 已经单击过，再次单击，用于验证是否相同
        this.hasChoose = true;
    },
    // ......
})
```

8.24 连接图片

"我们已经创建了《连连看》的视图，并且设置了样式，添加了交互。接下来我们要在地图模块中检测两张图片是否可以连接，以及选中图片和隐藏图片的消息了。而检测的算法在 js/services/links.js 服务文件中，因此我们要在 index.html 文件中导入文件，并在地图模块的构造函数中注入该服务。"小铭接着说，"小白，对于选中的两张图片，怎么才算连接呢？"

"嗯……"小白思考了一下说，"首先，它们挨在一起。其次，它们都在同一个边缘上。再次，两张图片在同一条横线或者竖线上并且之间没有其他图片。最后一种情况比较复杂，两张图片不在一条直线上，但是两张图片的横向延长线或者纵向延长线上的某一点可以连接在一起，也就是说，这两点之间没有其他图片。当然，这条线要在视图内部（按照严格的算法），如图 8-3 所示。"

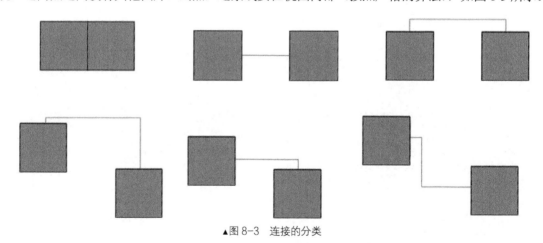

▲图 8-3　连接的分类

实现程序如下。

```
    // 地图模块
Ickt('Map', {
    // 注册消息
    message: {
        // 改变图片的颜色
        'map.change': 'changeItem',
        // 选中而隐藏图片
```

```
        'map.hide': 'hideItem',
        // 比较两张图片
        'map.compare': 'compareItem'
    },
    // 隐藏成员
    hideItem: function(index) {
        // 隐藏元素
        this.list[index].display = 'none';
        // 数量减一
        this.currentNum --;
        // 修改该成员
        this.trigger('ui.render', index, this.list[index])
        // 如果长度小于 0，则游戏顺利通关
        if (this.currentNum <= 0) {
                // 发布成功的消息
                this.trigger('game.success')
        }
    },
    // 改变成员的色彩
    changeItem: function(index, color) {
        // 修改色彩
        this.list[index].color = color;
        // 向 UI 模块发布消息
        this.trigger('ui.render', index, this.list[index])
    },
    // 比较两张图片是否相同
    compareItem: function(a, b, newId) {
        // 获取《连连看》的算法服务
        var links = this.$links;
        // 获取列表数据
        var list = this.list;
        // 获取一行的成员数
        var oneLineNum = this.oneLineNum
        // 获取行数
        var lines = this.lines;
        // 获取总数
        var total = this.total;
        // 判断是否在一条横线上，是否相邻，是否可以相连

        var result=(links.ABInX(a,b,oneLineNum)&&(links.AxNextToBx(a,b)||links.
            AxLineToBx(a, b, list))) ||
            // 判断是否在同一条竖线上，是否相邻，是否可以相连
            (links.ABInY(a,b,oneLineNum) && (links.AyNextToBy(a,b,oneLineNum)||
                links.AyLineToBy(a,b,oneLineNum, list)))||
            // 都在同一边缘上
            links.ABInBorder(a, b, oneLineNum, lines) ||
            // 不在同一条直线上，判断横向和纵向延长线上的两个点是否可以相连
            links.AExtensionB(a, b, oneLineNum, total, list)
        // 如果是相连的
        if (result) {
                // 发布连接成功的消息
                this.trigger('player.choose.right', newId, a)
        } else {
                // 否则，发布连接失败的消息
                this.trigger('player.choose.wrong', newId, a)
        }
    },
    // 构造函数，注入《连连看》的服务
```

```
initialize: function($links) {
    // ......
},
// ......
})
```

8.25 连接算法

　　根据刚才总结的游戏要求，我们实现连接算法。我们传递给服务方法的是两张图片的索引值，因此将索引值换算成横纵坐标也要在算法中实现。横坐标等于索引值对一行的总图片数求余的结果，纵坐标等于索引值除以一行的总图片数再向下取整的结果。

　　实现程序如下。

```
Ickt('$links', function() {
return {
    // 是否在一条横线上
    ABInX: function(a, b, oneLineNum) {
        return Math.floor(a/oneLineNum)===Math.floor(b/oneLineNum);
    },
    // 是否相邻
    AxNextToBx: function(a, b) {
        return Math.abs(a - b) === 1;
    },
    // 是否通过直线相连
    AxLineToBx: function(a, b, list) {
        var min = Math.min(a, b);
        var max = Math.max(a, b);
        // console.log(this.list.slice(min, max), max, min)
        return this.checkABX(min, max, list)
    },
    // 检测水平方向上 a 与 b 两个值之间（不包含 a 和 b）的索引值是否都隐藏
    checkABX: function(min, max, list) {
        // 不包含起始点，不包括终止点
        return list.slice(min + 1, max).every(function(item) {
            return item.display === 'none';
        })
    },
    // 是否在同一条竖线上
    ABInY: function(a, b, oneLineNum) {
        return a % oneLineNum === b % oneLineNum;
    },
    // 是否相邻
    AyNextToBy: function(a, b, oneLineNum) {
        return Math.abs(a % oneLineNum - b % oneLineNum) === 1
    },
    // 是否可以相连
    AyLineToBy: function(a, b, oneLineNum, list) {
        var min = Math.min(a, b);
        var max = Math.max(a, b);
        return this.checkABY(min, max, oneLineNum, list)
    },
    // 检测垂直方向上 a 与 b 两个值之间（不包含 a 和 b）的索引值是否都隐藏
    checkABY: function(min, max, oneLineNum, list) {
```

```
            var col = min % oneLineNum;
            return list.filter(function(item, index) {
                // 列号 x
                var itemCol = index % oneLineNum;
                // 行号 y
                var itemRow = index / oneLineNum;
                // 在同一列，行号小于最大值，大于最小值
                return itemCol===col&&itemRow>min/oneLineNum&&itemRow<max/oneLineNum
            }).every(function(item) {
                return item.display === 'none'
            })
    },
    // 都在边缘上
    ABInBorder: function(a, b, oneLineNum, lines) {          // 上
        return (a < oneLineNum && b < oneLineNum) ||
            // 下
            (Math.ceil(a/oneLineNum)===lines&&Math.ceil(b/oneLineNum)===lines)||
            // 左
            (a % oneLineNum === 0 && b % oneLineNum === 0) ||
            // 右
            (a%oneLineNum===oneLineNum-1&&b%oneLineNum===oneLineNum - 1)
    },
    // 如果不在同一条直线上，判断横向和纵向延长线上的两个点是否可以相连
    AExtensionB: function(a, b, oneLineNum, total, list) {
        return this.AxExtensionBx(a, b, oneLineNum, total, list) || this.
            AyExtensionBy(a, b, oneLineNum, list)
    },
    /**
     * 2 1 1 1 1 1      2 1
     * 0 1 1 1 1 2      0 2
     * 0 1 1 1 1 0
     * 0 0 0 0 0 0
     * 在纵向延长线上，隐藏水平方向上两个点之间的所有元素
     */
    AxExtensionBx: function(a, b, oneLineNum, total, list) {
        var isRight = false;
        // 在横向上 a 与 b 之间的最短距离
        var distance = Math.max(a % oneLineNum, b % oneLineNum) - Math.min
            (a % oneLineNum, b % oneLineNum)
        // 找出与 a、b 相邻并且在纵向隐藏的节点
        // 我们规定，延长线不能超出整个容器
        var AResult = this.forEachByStep(a, total, oneLineNum, false,list).
            Concat (this.forEachByStep(a, 0, oneLineNum, true, list)).concat(a);
        var BResult = this.forEachByStep(b, total, oneLineNum, false,list).
            concat(this.forEachByStep(b, 0, oneLineNum, true, list)).concat(b);
        // 将两个数组混成一个数组，填入 a 和 b，并排序，如果相邻两个值的差值小于12，说明在一排，
            // 查看两个数之间的成员是否隐藏
        var result=AResult.concat(BResult).sort(function(a,b){return a-b});
        // 一对一对遍历，如果差值小于 12，查看两者之间的成员是否隐藏
        result.reduce(function(res, item) {
            // 如果距离相等
            if (!isRight && item - res === distence) {
                // 检测两个值之间的成员是否都隐藏
                isRight = this.checkABX(res, item, list)
            }
            return item
        }.bind(this))
        // 返回结果
```

```
            return isRight
    },
    /**
     * 2 0 0 0 0 0        2 1
     * 1 1 1 1 1 0        0 2
     * 1 1 1 1 1 0
     * 1 1 2 0 0 0
     * 在横向延长线上，隐藏垂直方向上两个点之间的所有元素
     */
    AyExtensionBy: function(a, b, oneLineNum, list) {
        var isRight = false;
        // 在横向获取 a 与 b 之间的最短距离
        var aRow = Math.floor(a / oneLineNum);
        var bRow = Math.floor(b / oneLineNum);
        // 获取距离
        var distance = Math.max(aRow - bRow);
        // 找出与 a、b 两点相邻并且在横向隐藏的节点
        var AResult = this.forEachByStep(a, aRow * oneLineNum + oneLineNum, 1,false,
        list).concat(this.forEachByStep(a, aRow * oneLineNum,1,true,list)).concat(a)
        var BResult = this.forEachByStep(b, bRow * oneLineNum + oneLineNum,1,false,
        list).concat(this.forEachByStep(b,bRow * oneLineNum,1,true,list)).concat(b);
        // 合并数组
        var result = AResult.concat(BResult);
        // 分组，将求余后相等的两个数放在同一组中，作为对象的属性
        var map = {};
        // 根据索引值，将数组转化成对象
        result.forEach(function(item) {
            // 获取索引值 ( 横向坐标值 )
            var value = item % oneLineNum;
            // 如果定义了该数组
            if (map[value]) {
                // 存储成员
                map[value].push(item)
            } else {
                // 创建新数组
                map[value] = [item]
            }
        }.bind(this))
        // 遍历数组
        for (var i in map) {
            // 如果有同一列上有两个成员才需要比较
            if (map[i] && map[i].length === 2) {
                // 检测两者之间的成员是否都隐藏
                if (this.checkABY(Math.min.apply(Math, map[i]), Math.max.
                    apply(Math,map[i]),oneLineNum, list)){
                    // 如果都隐藏，则返回 true
                    return true
                }
            }
        }
        return false
    },
    // 获取延长线上的空白点
    forEachByStep: function(start, end, step, invert, list) {
        // 结果数组
        var result = [];
        // 逆序
        if (invert) {
```

```
                    // 在遍历时，不能包含自身，因为自身已经显示
                    for (var i = start - step; i > end; i -= step) {
                            // 如果该位置的图片被隐藏
                            if (list[i].display === 'none') {
                                    // 添加成员
                                    result.push(i)
                            } else {
                                    // 否则，跳出循环
                                    break;
                            }
                    }
            } else {
                    // 在遍历时，不能包含自身，因为自身已经显示
                    for (var i = start + step; i < end; i += step) {
                            // 如果该位置的图片被隐藏
                            if (list[i].display === 'none') {
                                    // 添加成员
                                    result.unshift(i)
                            } else {
                                    // 否则，跳出循环
                                    break;
                            }
                    }
            }
            // 返回结果数组
            return result;
    },
  }
})
```

程序运行后的结果如图 8-4 所示。

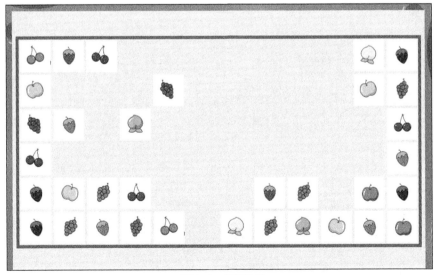

▲图 8-4 运行结果

8.26　游戏进度

　　"小白，游戏开发得也差不多了，为了让游戏更有紧迫感，我们可以添加一个游戏进度条，让玩家在规定的时间内完成，如果没有完成，则游戏失败。当然，因为我们开发了组件模块，所以只需要配置一套数据，定义好模板，添加上样式，并在游戏的生命周期中更新数据就可以让进度条'动'起来了！"小铭说。

　　于是小白在 index.html 文件中导入了 js/process.js 文件，并创建了进度条模块。实现程序如下。

```
// 进度条模块
Ickt('Process', 'Component', {
    // 渲染容器元素
    el: '#app .process',
    // 模板
    template: <div i-style="{
        width: $value
    }"></div>,
    // 绑定的数据
    data: {
        value: '100%',
    },
    // 全局配置
    globals: {
        // 总时长
        time: 60 * 1000 * 3
    },
    // 样式文件
    style:
        /*进度条容器*/
        .process {
            width: 648px;
            height: 5px;
            border: 1px solid gold;
            margin: 45px auto 15px;
            border-radius: 5px;
            background: orange;
        }
        /*进度*/
        .process div {
            width: 40%;
            float: right;
            background: green;
            height: 5px;
            border-radius: 5px;
        }
    ,
    // 构造函数，用于初始化进度条信息
    initialize: function() {
        // 总时长
```

```
                this.wholeTime = Ickt('time');
        },
        // 更新游戏
        gameUpdate: function(loop, useTime) {
            // 如果用时超过了总时间
            if (useTime >= this.wholeTime) {
                // 修改进度
                this.$value = '0%';
                // 游戏结束
                this.trigger('game.over')
            } else {
                // 更新内容值
                this.$value = (1 - useTime / this.wholeTime) * 100 + '%'
            }
        }
    }
}))
```

容器元素选择器是#app .process，所以在页面中定义了渲染的容器元素。实现程序如下。

```
<div id="app">
    <div class="process"></div>
    <div class="list"></div>
</div>
```

另外，在 HTML 页面中最后面的脚本标签内启动了游戏。实现程序如下。

```
<script type="text/javascript">
    Ickt()
</script>
```

最终，带进度条的游戏就渲染出来了，如图 8-5 所示。

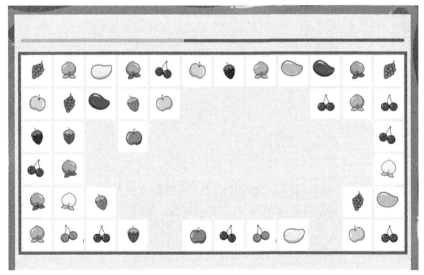

▲图 8-5　带进度条的游戏

下一卷剧透

DOM 游戏开发的愉快体验即将结束了，我们从无到有搭建并创建了 Ickt 框架，实现了模块开发，拆分了业务逻辑，减低了代码维护成本。为了在下一个游戏中复用游戏的部分功能，我们提取了事件模块、游戏模块，以及虚拟 DOM 模块。为了复用方法，我们为模块注入了服务等，并且在最后一章中我们实现了 MVVM 模式来管理 DOM，使开发更轻松。但是 DOM 游戏也有很多问题，比如大量操作的性能问题、绘制图形的局限性等。为了解决这些问题，提高游戏体验，我们将实现 Canvas 游戏开发。在下一卷中，我们基于 Canvas 开发游戏，其中有很多我们常常体验的游戏。

我问你答

（1）在游戏中，单击两张图片可以检测图片是否可以连接，但是有的时候这会进入死局（没有可供连接的两张图片），如何帮用户检测这种情况呢？尝试实现检测死局的算法，并且在发现死局后重新刷新视图，对剩余的图片重新排序。

（2）有时候，用户玩游戏的过程中也会感觉疲倦，请提供一个"提示"按钮，允许用户单击该按钮（设置单击次数的限定，如 3 次等），查看关于可连接图片的提示。

（3）当用户顺利过关时，如何让用户进入下一关呢？在下一关中，可以缩短游戏时间，增加图片数量，或者减少重复图片的数量等。

资源整理

在本书中，我们定义了以下一些共用模块、组件库。

```
lib/ickt.js
lib/services/element.js
lib/class/component.js
lib/modules/vdom.js
lib/modules/event.js
lib/modules/game.js
```

当然，为了方便日后使用，我们可以将相同目录中的文件放在一个文件中，如将 modules 中的所有文件放在 lib/ickt.modules.js 文件中。请整理好，在下一卷中，我们将在此基础上继续开发更多的游戏。

附件

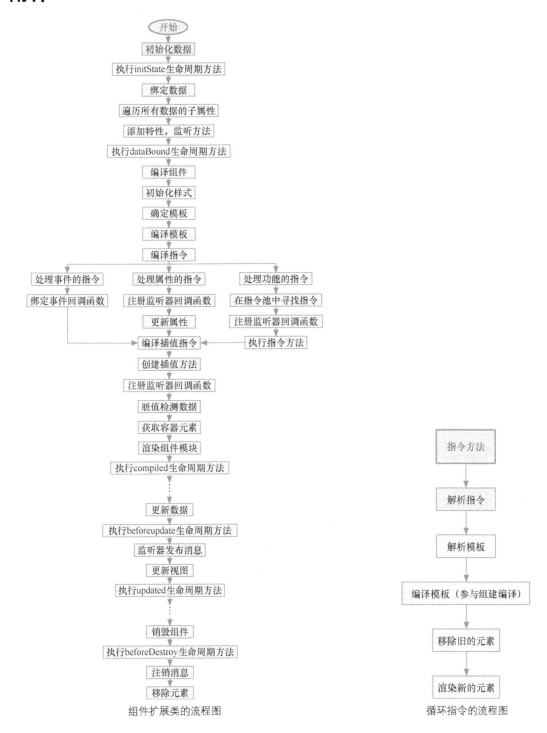

组件扩展类的流程图

循环指令的流程图

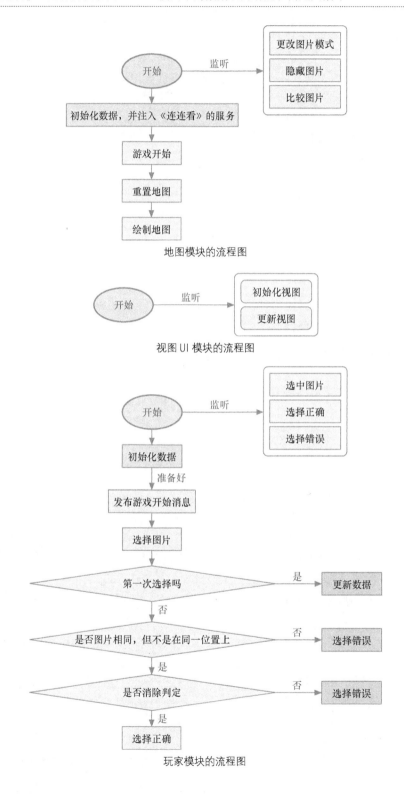

地图模块的流程图

视图 UI 模块的流程图

玩家模块的流程图

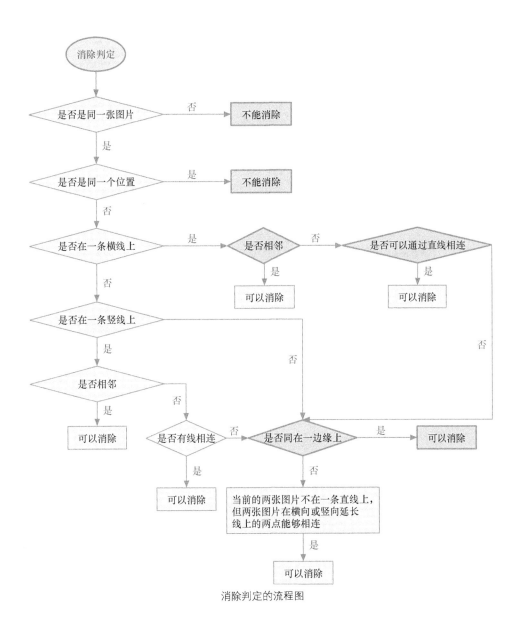

消除判定的流程图

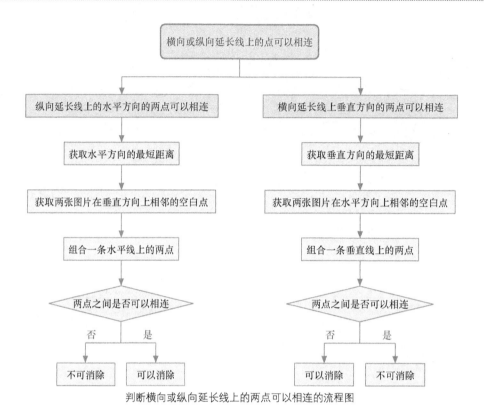

判断横向或纵向延长线上的两点可以相连的流程图

进度条模块的流程图